1＋X 职业技能等级证书配套系列教材·数据库管理系统

数据库管理系统初级(基础管理)

武汉达梦数据库股份有限公司　编著

华中科技大学出版社

中国·武汉

内 容 简 介

　　达梦数据库管理系统（DM8），简称达梦数据库，是新一代高性能数据库产品，为了方便大家学习达梦数据库，我们编写了此书。"1＋X职业技能等级证书配套系列教材·数据库管理系统"介绍了数据库运维、SQL语言、数据库安全、数据库容灾、数据库开发等内容。本书作为上述系列教材之一，分为4个任务，包括达梦数据库安装部署、达梦数据库基础运维、数据管理、数据库安全管理。

　　本书内容实用、示例丰富、语言通俗、格式规范，可作为高等学校数据库管理系统课程的教材，也可作为数据库管理系统初级考试备考人员的参考书。

图书在版编目（CIP）数据

数据库管理系统：初级：基础管理/武汉达梦数据库股份有限公司编著．—武汉：华中科技大学出版社，2021.8（2024.1 重印）
　ISBN 978-7-5680-6952-6

　Ⅰ．①数…　Ⅱ．①武…　Ⅲ．①数据库管理系统-高等职业教育-教材　Ⅳ．①TP311.131

中国版本图书馆 CIP 数据核字（2021）第 159925 号

数据库管理系统初级（基础管理）　　　　　　　　　　武汉达梦数据库股份有限公司　　编著
Shujuku Guanli Xitong Chuji（Jichu Guanli）

策划编辑：万亚军
责任编辑：李梦阳
封面设计：原色设计
责任监印：周治超
出版发行：华中科技大学出版社（中国·武汉）　　　　电话：（027）81321913
　　　　　武汉市东湖新技术开发区华工科技园　　　　邮编：430223
录　　排：华中科技大学惠友文印中心
印　　刷：武汉科源印刷设计有限公司
开　　本：787mm×1092mm　1/16
印　　张：7.5
字　　数：132 千字
版　　次：2024 年 1 月第 1 版第 3 次印刷
定　　价：38.00 元

前　言

目前，数据库管理系统广泛应用于公安、电力、铁路、航空、审计、通信、金融、海关、国土资源、电子政务等多个领域，为国家机关、各级政府和企业信息化建设发挥了积极作用。发展具有自主知识产权的国产数据库管理系统，打破国外数据库产品的垄断，为我国信息化建设提供安全可控的基础软件，是维护国家信息安全的重要手段。

武汉达梦数据库股份有限公司（以下简称武汉达梦数据库公司）推出的达梦数据库管理系统是我国具有自主知识产权的数据库管理系统之一，也是获得国家自主原创产品认证的数据库产品。达梦数据库管理系统经过不断的迭代与发展，在吸收主流数据库产品优点的同时，也逐步形成了自身的特点，得到业界和用户广泛的认同。随着信息技术不断发展，达梦数据库管理系统也在不断演进，从最初的数据库管理系统原型 CRDS 发展到 DM8。

2019 年，教育部会同国家发展改革委、财政部、市场监管总局制定了《关于在院校实施"学历证书＋若干职业技能等级证书"制度试点方案》（以下简称《方案》），启动"学历证书＋若干职业技能等级证书"（简称 1＋X 证书）制度试点工作。培训评价组织作为职业技能等级证书及标准的建设主体，对证书质量、声誉负总责，主要职责包括标准开发、教材和学习资源开发、考核站点建设、考核颁证等，并协助试点院校实施证书培训。参与 1＋X 证书试点的学校，需要对标 1＋X 证书体系，优化相关专业人才培养方案，重构课程体系，加强师资培养，并逐步完善实验实训条件，以深化产教融合，促进书证融通，进一步提升学生专业知识与职业素养，提升就业竞争力。

在教育部职业技术教育中心研究所发布的《第四批职业教育培训评价组织和职业技能等级证书公示名单》中，武汉达梦数据库公司作为数据库管理系统职业技能等级证书的颁布单位，按照相关规范，联合行业、企业和院校等，依据国家职业标准，借鉴国内外先进标准，为体现新技术、新工艺、新规范、新要求等，开发了数据库管理系统职业技能的初级、中级和高级标准。

为了帮助 1＋X 证书制度试点院校了解数据库管理系统职业技能的初级、中级和高级标准,武汉达梦数据库公司组织相关企业专家和学校教师编写了"1+X职业技能等级证书配套系列教材·数据库管理系统",分为《数据库管理系统初级(基础管理)》、《数据库管理系统中级(备份还原)》和《数据库管理系统高级(开发)》3册。其中,《数据库管理系统初级(基础管理)》分为4个任务,包括达梦数据库安装部署、达梦数据库基础运维、数据管理、数据库安全管理。本书具有内容实用、示例丰富、语言通俗、格式规范的特点,可作为参加1+X证书制度试点的中等职业学校数据库管理系统课程的教材,也可作为数据库管理系统初级考试备考人员的参考书。

为了方便学习和体验操作,读者可在武汉达梦数据库公司官网下载对应试用版软件。

由于作者水平有限,书中难免有些疏漏与不妥之处,敬请读者批评指正,欢迎读者通过达梦数据库技术支持联系方式或电子邮件(zss@dameng.com)与我们交流。

编　者

2021 年 6 月

目　　录

项目背景及目标

1. 项目背景

    某公司有一个新的项目需要上线，上线前期需要完成与数据库有关的工作，以便更好地完成项目上线的工作。项目上线需要用到的数据库相关知识有：项目上线前会涉及在 Windows 平台上安装数据库软件、创建数据库实例；项目上线中会涉及表空间管理、用户管理、数据管理，以及数据库的启动和关闭；项目上线后要加强数据库的安全管理，特别是权限和角色的管理，保障数据库安全、平稳运行。

2. 项目目标

    为了在新项目中更好地使用达梦数据库，对新项目用到的数据库相关知识进行梳理。数据库相关知识主要涉及：数据库安装、实例创建、实例管理、表空间管理、模式对象管理、数据库查询，以及数据库安全管理等。

3. 项目任务划分

    （1）任务 1：达梦数据库安装部署。

    武汉达梦数据库股份有限公司会提供一份在 Windows 系统上安装达梦数据库的软、硬件要求及对应的安装操作手册。安装时，根据客户系统的特点对安装参数进行合理的设置。通过该手册成功在 Windows 平台上安装 DM8。

（2）任务 2：达梦数据库基础运维。

达梦数据库基础运维会涉及达梦数据库的基本运维操作，包含数据库在 Windows 系统上的启动和关闭方式、表空间管理、模式管理及表的管理。掌握这些知识点，能满足达梦数据库基础运维的基本要求。

（3）任务 3：数据管理。

数据管理包含数据的查询、插入、更新和删除。为了满足各应用的查询需求，还会涉及表的过滤查询、连接查询、函数查询、分组排序查询及子查询等。掌握这些知识点，能满足达梦数据库日常数据管理的要求。

（4）任务 4：数据库安全管理。

创建完数据库之后，会创建数据库用户。为了提高数据库的安全性，为数据库设置合理的密码策略，根据权限最小的原则，给每个用户分配最小的权限。为了更好地维护数据库的权限，创建数据库角色，通过数据库角色来管理一组数据库权限。涉及的知识点有：创建、修改、删除用户，分配系统、对象权限，创建和分配角色。

4. 达梦数据库的主要特点

在达梦数据库的发展过程中，其每一个版本既适应时代需求，又具备一定的特点，这里主要介绍 DM8 的主要特点。DM8 采用全新的体系架构。在保证其大型通用的基础上，针对可靠性、高性能、海量数据处理和安全性做了大量的研发和改进工作，在提升数据库产品的性能的同时，提高了语言的丰富性和可扩展性，使其能同时兼顾 OLTP(联机事务处理)和 OLAP(联机分析处理)请求，从根本上提升了数据库产品的品质。

1) 通用性强

DM8 的通用性主要体现在以下几个方面。

（1）硬件平台支持。

DM8 兼容多种硬件体系，可运行于 X86、SPARC、Power 等硬件体系之上。DM8 在各种平台上的数据存储结构和消息通信结构完全一致，使得 DM8 各种组件在不同的硬件平台上具有一致的使用特性。

（2）操作系统支持。

DM8 实现了平台无关性，支持 Windows 系列、Linux（2.4 及 2.4 以上内核）、UNIX、Kylin、AIX、Solaris 等主流操作系统。DM8 的服务器、接口程序和管理工具均可在 32 位/64 位版本操作系统上使用。

（3）应用开发支持。

①开发环境支持。DM8 支持多种主流集成开发环境，包括 PowerBuilder、Delphi、Visual Studio、.NET、C++ Builder、Qt、JBuilder、Eclipse、IntelliJ IDEA、Zend Studio 等。

②开发框架技术支持。DM8 支持各种开发框架技术，主要有 Spring、Hibernate、iBATIS SQLMap、Entity Framework、Zend Framework 等。

③中间件支持。DM8 支持主流系统中间件，包括 WebLogic、WebSphere、Tomcat、JBoss、东方通 TongWeb、金蝶 Apusic、中创 InfoWeb 等。

④标准接口支持。DM8 提供对 SQL92 的特性支持及对 SQL99 的核心级别支持；支持多种数据库开发接口，包括 OLE DB、ADO、ODBC、OCI、JDBC、Hibernate、PHP、PDO、DB Express 及.NET Data Provider 等。

⑤网络协议支持。DM8 支持多种网络协议，包括 IPv4 协议、IPv6 协议等。

⑥字符集支持。DM8 完全支持 Unicode、GB18030 等常用字符集。

⑦国际化支持。DM8 提供国际化支持，服务器和客户端工具均支持用简体中文和英文来显示输出结果和错误信息。

2）高可用性

为了应对现实中出现的各种意外，如电源中断、系统故障、服务器宕机、网络故障等，DM8 实现了 REDO（重做）日志、逻辑日志、归档日志、跟踪日志、事件日志等，例如，REDO 日志记录数据库的物理文件变化信息，逻辑日志则记录数据库表上的所有插入、删除、更新等数据变化。通过记录日志信息，系统的容灾能力和可用性得到提高。

（1）快速的故障恢复。

DM8 通过 REDO 日志记录数据库的物理文件变化信息。当发生故障（如机器掉电）时，系统通过 REDO 日志进行重做处理，恢复用户的数据和回滚信息，从而使数据库系统从故障中恢复，避免数据丢失，确保事务的完整性。相对以前的版本，DM8 改进了 REDO 日志的管理策略，采用逻辑 LSN（日志序列号）值替代了原有的物理文件地址映射到 LSN 值，极大简化了 REDO 日志的处理逻辑。

REDO 日志支持压缩存储，可以减小存储空间开销。DM8 在故障恢复时采用并行处理机制来执行 REDO 日志，有效缩短了重做花费的时间。

（2）可靠的备份与还原。

DM8 可以提供数据库或整个服务器的冷/热备份及对应的还原功能，实现数据库数据的保护和迁移。DM8 支持的备份类型包括物理备份、逻辑备份和 B 树备份，其中 B 树备份是介于物理备份和逻辑备份之间的一种形态。

DM8 支持增量备份，支持 LSN 和时间点还原；可备份不同级别的数据，包括数据库级、表空间级和表级数据；支持在联机或脱机的状态下进行备份、还原操作。

（3）高效的数据复制。

DM8 的复制功能基于逻辑日志实现。主机将逻辑日志发往从机，而从机根据日志模拟事务与语句重复主机的数据操作。相对于语句级的复制，逻辑日志可以更准确地反映主机数据的时序变化，从而减少冲突，提高数据复制的一致性。

DM8 提供基于事务的同步复制和异步复制功能。同步复制是指所有复制节点的数据是同步的，如果复制环境中主表数据发生了变化，这种改变将以事务为单位同步传播和应用到其他所有复制节点。异步复制是指在多个复制节点之间，主节点的数据更新需要经过一定的时间周期之后才反映到从节点。如果复制环境中主节点要被复制的数据发生了更新操作，这种改变将在不同的事务中被传播和应用到其他所有从节点。这些不同的事务之间可以间隔几秒、几分钟、几小时，也可以间隔几天。复制节点之间的数据在一段时间内是不同步的，但传播最终将保证所有复制节点间的数据一致。数据复制功能支持一到多复制、多到一复制、级联复制、多主多从复制、环形复制、对称复制及大数据对象复制。

（4）实时的主备系统。

主备系统是 DM8 提高容灾能力的重要手段，由一台主机与一或多台备机构成，实现数据的守护。主机提供正常的数据处理服务，备机则时刻保持与主机的数据同步。一旦主机发生故障，备机中的一台立刻可以切换成为新的主机，继续提供服务。主备机的切换是通过服务器、观察器与接口自动完成的，对客户端几乎完全透明。

DM8 的主备系统基于优化后的 REDO 日志系统开发，其功能更加稳定可靠。主备机间传递压缩的日志数据，通信效率大大提升。DM8 的主备系统提供了配置模式，可在不停机状态下在单机系统与主备系统间平滑变换。

DM8 的主备系统可提供全功能的数据库支持,客户端访问主机系统没有任何功能限制,而备机同样可以作为主机的只读镜像支持客户端的只读查询请求。

3)高性能

为了提高数据库在数据查询、存储、分析、处理等方面的性能,DM8 采用了多种性能优化技术与策略,主要包括如下几个方面。

(1)查询优化。

DM8 采用多趟扫描、代价估算的优化策略。系统基于数据字典信息、数据分布统计值、执行语句涉及的表、索引和分区的存储特点等统计信息实现了代价估算模型,在多个可行的执行计划中选择代价最小的作为最终执行计划。同时,DM8 还支持查询计划的 HINT[一种 SQL(结构化查询语言)语法]功能,可供经验丰富的数据库管理员(DBA)对特定查询进行优化改进,进一步提高查询的效率和灵活性。

DM8 查询优化器利用优化规则,将所有的相关子查询变换为等价的关系连接。相关子查询的平坦化,极大地降低了代价优化的算法复杂程度,使得优化器可以更容易地生成较优的查询计划。

(2)查询计划重用。

SQL 语句从分析、优化到实际执行,每一步都需要消耗系统资源。查询计划的重用,可以减少重复分析操作,有效提高语句的执行效率。DM8 采用参数化常量方法,使得常量值不同的查询语句同样可以重用查询计划。经此优化后的计划重用策略,在应用系统中的实用性明显提高。

(3)查询内并行处理。

DM8 为具有多个中央处理器(CPU)的计算机提供了并行查询,以优化查询执行和索引操作。并行查询的优势就是可以通过多个线程来处理查询作业,从而提高查询的效率。

在 DM8 中,查询优化器对 SQL 语句进行优化后,数据库才会去执行查询语句。如果查询优化器认为查询语句可以从并行查询中获得较高效率,就会将本地通信操作符插入查询执行计划中,为并行查询做准备。本地通信操作符是在查询执行计划中提供进程管理、数据重新分发和流控制的运算符。在查询计划执行过程中,数据库会确认当前的系统工作负荷和配置信息,判断是否有足够多的线程允许执行并行查询。确定最佳的线程数后，在查询计划初始化确定的线程上展开并行查询执行工作。在多个线程上执行并行查询时，查询将一直使用相同的线程数，直到完成。每次从高速缓存中检索查询执行计划时，DM8都重新检查最佳线程数。

（4）查询结果集的缓存。

DM8 提供查询结果集缓存策略。相同的查询语句，如果涉及的表数据没有变化，则可以直接重用缓存的结果集。查询结果缓存，在数据变化不频繁的 OLAP 应用模式，或存在大量类似编目函数查询的应用环境下具有良好的性能提升效果。

在服务器端实现结果集缓存，可以在增大查询速度的同时，保证缓存结果的实时性和正确性。

（5）虚拟机执行器。

DM8 实现了基于堆栈的虚拟机执行器。这种运行机制可以有效提高数据计算及存储过程/函数的执行效率，具有以下特点：采用以字长为分配单位的标准堆栈，提高空间利用率，充分利用 CPU 的 2 级缓存，提升性能；增加栈帧概念，方便实现函数/方法的跳转，为 PL/SQL 脚本的调试提供了基础；采用内存运行堆的概念，实现对象、数组、动态的数据类型存储；采用面向栈的表达式计算模式，减少虚拟机代码的体积、数据的移动；定义了指令系统，增加了对对象、方法、参数、堆栈的访问，便于 PL/SQL 的执行。

（6）批量数据处理。

当数据读入内存后，按照传统策略，需要经过逐行过滤、连接、计算等操作处理，数据才能生成最终结果集。在海量的数据处理场景下，必然产生大量重复的函数调用及数据的反复复制与计算代价。

DM8 引入了数据的批量处理技术，即读取一批、计算一批、传递一批、生成一批。数据批量处理具有显而易见的好处：内存紧靠在一起的数据执行批量计算，可以显著提高 Cache（缓存）命中率，从而提高内存处理效率；数据成批而非单行地抽取与传递，可以显著减少在上下层操作符间流转数据的函数调用次数；采用优化的引用方式在操作符间传递数据，可以有效减小数据复制的代价；系统标量函数支持批量计算，可以进一步减少函数调用次数。DM8 采用批量数据处理策略，比一次一行的数据处理模式快 10～100 倍。

（7）异步检查点技术。

DM8 采用更加有效的异步检查点机制。新检查点机制采用类似"蜻蜓点水"的策略,每次仅从缓冲区的更新链中摘取少量的更新页刷新。在反复多次刷页达到设定的总数比例后,才相应调整检查点值。与原有检查点长时间占用缓冲区的策略相比,逻辑更加简单,速度更快,对整体系统运行影响更小。

（8）多版本并发控制。

DM8采用"历史回溯"策略,对数据的多版本并发控制实现了原生性支持。DM8改造了数据记录与回滚记录的结构。在数据记录中添加字段记录最近修改的事务 ID 及与其对应的回滚记录地址,而在回滚记录中也记录了该行上一更新操作的事务 ID 与相应回滚记录地址。通过数据记录与回滚记录的链接关系,构造出一行数据更新的完整历史版本。

DM8采用了多版本并发控制技术,数据中仅存储最新一条记录,各个会话事务通过其对应可见事务集,利用回滚段记录组装出自己可见的版本数据。使用这种技术,不必保持冗余数据,也可以避免使用附加数据整理工具。多版本并发控制技术使得查询与更新操作互不干扰,有效提高了高并发应用场景中的执行效率。

（9）海量数据分析。

DM8提供 OLAP 函数,用于支持复杂的分析操作,侧重对决策人员和高层管理人员的决策支持,可根据分析人员的要求快速、灵活地进行大数据量的复杂查询处理,并且以直观易懂的形式将查询结果提供给决策人员,以便他们准确掌握单位的运转状况,了解被服务对象的需求,制定正确的方案。

（10）数据字典缓存技术。

DM8实现了数据字典缓存技术。DDL（数据定义语言）语句被转换为基本的DML（数据操纵语言）操作,执行期间不必封锁整个数据字典,可以有效减小 DDL 操作对整体系统并发执行的影响,在有较多 DDL 并发操作的系统中可有效提升系统性能。

（11）可配置的工作线程模式。

DM8的内核工作线程同时支持内核线程和用户态线程两种模式,通过配置参数即可实现两种模式的切换。

内核线程的切换完全由操作系统决定,但操作系统并不了解、也不关心应用逻辑,只能采取简单、通用的策略来平衡各个内核线程的 CPU 时间;在高并发情况下,往往导致很多无效的上下文切换,浪费了宝贵的 CPU 资源。用户态线程由用户指定线程切换策略,结合应用的实际情况,决定何时让出 CPU 的执行,可以有效避免过多的无效切换,提升系统性能。

DM8 的工作线程在少量内核线程的基础上,模拟了大量的用户态线程(一般来说,工作线程数不超过 CPU 的核数,用户态线程数由数据库的连接数决定)。大量的用户态线程在内核线程内部自主调度,基本消除了因操作系统调度而产生的上下文切换;同时,内核线程数的减少,进一步减小了冲突产生的概率,有效提升了系统性能,特别是在高并发情况下,性能提升十分明显。

(12)多缓冲区。

DM8 采用多缓冲区机制,将数据缓冲区划成多个分片。数据页按照其页号,进入各自缓冲区分片。用户访问不同的缓冲区分片,不会导致访问冲突。高并发情况下,这种机制可以减少全局数据缓冲区的访问冲突。

DM8 支持动态缓冲区管理,根据不同的系统资源情况,管理员可以配置缓冲区伸缩策略。

(13)分段式数据压缩。

DM8 支持数据压缩,即将一个字段的所有数据,分成多个小片压缩存储起来。系统采用智能压缩策略,根据采样值特征,自动选择最合适的压缩算法进行数据压缩。而将多行相同类型数据一起压缩,可以显著增大数据的压缩比,进一步减小系统的空间资源开销。

(14)行列融合。

DM8 同时支持行存储引擎与列存储引擎,可实现事务内对行存储表与列存储表的同时访问,可同时适用于联机事务和分析处理。在并发量、数据量规模较小时,单机DM8 利用其行列融合特性,可同时满足联机事务处理和联机分析处理的应用需求,并能够满足混合型的应用要求。

(15)大规模并行处理架构。

为了支持海量数据存储和处理、高并发处理、高性价比、高可用性等功能,提供高端数据仓库解决方案,DM8 支持大规模并行处理(massively parallel processor,MPP)架构,以极低的成本,为客户提供业界领先的计算性能。DM8 采用完全对等无共享的MPP 架构,支持 SQL 并行处理,可实现自动化分区数据和并行查询,无 I/O(输入/输出)冲突。

DM8 的 MPP 架构将负载分散到多个数据库服务器主机,实现了数据的分布式存储。MPP 采用了完全对等的无共享架构,每个数据库服务器称为一个 EP(executive point)。这种架构中,节点没有主从之分,每个 EP 都能够对用户提供完整的数据库服务。在处理海量数据分析请求时,各个节点通过内部通信系统协同工作,通过并行运算技术大幅提高查询效率。

DM8 MPP 为新一代数据仓库所需的大规模数据和复杂查询提供了先进的软件级解决方案,具有业界先进的架构和高度的可靠性,能帮助企业管理好数据,使之更好地服务于企业,促进数据依赖型企业的发展。

4)高安全性

DM8 是具有自主知识产权的高安全性数据库管理系统,已通过公安部安全四级评测,是目前安全等级最高的商业数据库之一。同时,DM8 通过了中国信息安全测评中心的 EAL3 级评测。DM8 在身份认证、访问控制、数据加密、资源限制、审计等方面采取以下安全措施。

(1)双因子结合的身份鉴别。

DM8 提供基于用户口令和用户数字证书相结合的用户身份鉴别功能。若接收的用户口令和用户数字证书均正确,则认证通过;若用户口令和用户数字证书有一个不正确或与相应的用户名不匹配,则认证不通过。这种增强的身份认证方式可以更好地防止口令被盗、登录时用户被冒充等情况,为数据库安全把好了第一道关。

另外,DM8 还支持基于操作系统的身份认证、基于 LDAP 集中式的第三方认证。

(2)自主访问控制。

DM8 提供了系统权限和对象权限管理功能,并支持基于角色的权限管理,方便数据库管理员对用户访问权限进行灵活配置。

在 DM8 中,可以对用户直接授权,也可以通过角色授权。角色表示一组权限的集合,数据库管理员可以通过创建角色来简化权限管理过程。可以把一些权限授予一个角色,而这个角色又可以被授予多个用户,从而使基于这个角色的用户间接地获得权限。在实际的权限分配方案中,通常先由数据库管理员为数据库定义一系列的角色,再将权限分配给基于这些角色的用户。

(3)强制访问控制。

DM8 提供强制访问控制功能,强制访问控制的范围涉及数据库内所有的主客体,该功能达到了安全四级的要求。强制访问控制是利用策略和标记实现数据库访问控制的一种机制。该功能主要针对数据库用户、各种数据库对象、表及表内数据。控制粒度同时达到列级和记录级。

当用户操作数据库对象时，不仅要满足自主访问控制的权限要求，还要满足用户和数据之间标记的支配关系。这样就避免了管理权限全部由数据库管理员一人负责的局面，可以有效防止敏感信息的泄露与篡改，提高系统的安全性。

（4）客体重用。

DM8 内置的客体重用机制使数据库管理系统能够清扫被重新分配的系统资源，以保证数据信息不会因资源的动态分配而泄露给未授权的用户。

（5）加密引擎。

DM8 提供加密引擎功能，当 DM8 内置的加密算法，如 AES 系列、DES 系列、DESEDE 系列、RC4 等加密算法，无法满足用户数据存储加密要求时，用户可能希望使用自己特殊的加密算法，或强度更高的加密算法。用户可以采用 DM8 的加密引擎功能，将自己特殊的或高强度的加密算法按照 DM8 提供的加密引擎标准接口要求进行封装，可以在 DM8 的存储加密中按常规的方法使用封装后的加密算法，大大提高了数据的安全性。

（6）存储加密。

DM8 实现了对存储数据的透明存储加密、半透明存储加密和非透明存储加密。每种存储加密模式均可自由配置加密算法。用户可以根据自己的需要自主选择存储加密模式。

（7）通信加密。

DM8 支持基于 SSL（安全套接层）协议的通信加密，对传输在客户端和服务器端的数据进行非对称的安全加密，保证数据在传输过程中的保密性、完整性、抗抵赖性。

（8）资源限制。

DM8 实现了多种资源限制功能，包括并发会话总数、单用户会话数、用户会话 CPU 时间、用户请求 CPU 时间、会话读取页、请求读取页、会话私有内存等限制项，这些资源限制项足够丰富并满足资源限制的要求，达到防止用户恶意抢占资源的目的，尽可能减少人为的安全隐患，保证所有数据库用户均能正常访问和操作数据库。DM8 还可配置表的存储空间配额。系统管理员可借此功能对每个数据库用户单独配置最合适的管理策略，并能有效防止各种恶意抢占资源的攻击。

（9）审计分析与实时侵害检测。

DM8 提供数据库审计功能，审计类别包括系统级审计、语句级审计、对象级审计。

DM8 的审计记录存放在数据库外的专门审计文件中，保证审计数据的独立性。审计文件可以脱离数据库系统保存和复制，借助专用工具进行阅读、检索及合并等操作。

DM8 提供审计分析功能，通过审计分析工具 Analyzer 实现对审计记录的分析。用户能够根据所制定的分析规则，对审计记录进行分析，判断系统中是否存在对系统安全构成威胁的活动。

DM8 提供强大的实时侵害检测功能，用于实时分析当前用户的操作，并查找与该操作相匹配的审计分析规则。根据规则判断用户行为是否为侵害行为，以及确定侵害等级，并根据侵害等级采取相应的响应措施。响应措施包括实时警报生成、违例进程终止、服务取消和账号锁定或失效。

5）易用性好

DM8 提供了一系列基于 Java 技术的多平台风格统一的图形化客户端工具，通过这些工具，用户可以与数据库进行交互，即操作数据库对象和从数据库获取信息，这些工具包括系统管理工具 Manager、数据迁移工具 DTS、性能监视工具 Monitor 等；同时 DM8 支持基于 Web 的管理工具，该工具可以进行本地和远程联机管理。DM8 提供的管理工具功能强大，界面友好，操作方便，能满足用户各种数据管理的需求。

6）兼容性强

为保护用户现有应用系统的投资，降低系统迁移的难度，DM8 提供了许多与其他数据库系统兼容的特性，尤其针对 Oracle，DM8 提供了全方位的兼容，降低了用户学习成本和数据迁移成本。

DM8 提供了功能丰富的系列工具，方便数据库管理员进行数据库的维护管理。这些工具主要包括控制台工具、管理工具、性能监视工具、数据迁移工具、数据库配置助手、审计分析工具等。

任务 1 达梦数据库安装部署

1.1 任 务 说 明

达梦数据库管理系统是基于客户机/服务器方式的数据库管理系统,可以安装在多种计算机操作系统平台上,典型的操作系统有 Windows、Linux、Solaris 和 AIX 等。

DM 在代码级全面支持 32 位和 64 位操作系统,DM 既可运行在 32 位操作系统上,又可运行在 64 位操作系统上,尤其在 64 位操作系统上能充分利用 64 位操作系统资源(如能充分利用更大容量的内存)使性能更优。同时,由于 DM 客户端程序主要使用 Java 编写,具有良好的跨平台特性,可运行在上述操作系统上。客户端程序所用的操作系统与服务器所用的操作系统无关。

对于不同的操作系统平台,达梦数据库安装与卸载存在一定的差异,本章主要介绍 Windows 平台下达梦数据库的安装和卸载与数据库的创建。

1.2 任 务 实 现

1.2.1 安装前准备工作

在 Windows 操作系统上安装达梦数据库较为方便,只需检查软硬件环境是否满足达梦数据库安装的基本要求,若满足,即可运行达梦数据库安装程序,通过向导式的图形安装界面完成安装。在安装之前,应先检查所得到的 DM 产品是否完整,并准备好 DM 所需的硬件环境和软件环境。

1. 硬件环境检查

安装达梦数据库前应检查硬件配置是否满足基本要求。安装达梦数据库所需的硬件基本配置见表 1-1。

表 1-1　安装达梦数据库所需的硬件基本配置

硬　件	基　本　配　置
CPU	Intel Pentium 4(建议 Pentium 4 1.6 GB 以上)处理器
内存	256 MB(建议 512 MB 以上)
硬盘	5 GB 以上可用空间
网卡	10 MB 以上支持 TCP/IP 协议的网卡
光驱	32 倍速以上光驱
显卡	支持 1024×768×256 以上彩色显示
显示器	SVGA 显示器
键盘/鼠标	普通键盘/鼠标

由于达梦数据库管理系统是基于客户机/服务器方式的大型数据库管理系统,一般基于网络环境部署,达梦数据库软件和客户端软件分别部署在数据库服务器和客户端计算机上,因此硬件环境通常包括网络环境(如一个局域网)。当然,也可部署于单机上,即达梦数据库软件和客户端软件部署在一台计算机上。

2. 软件环境检查

达梦数据库支持几乎所有版本的 Windows 操作系统,但需注意以下几点。

(1) 系统盘可用空间建议大于 1 GB。

(2) 关闭正在运行的防火墙、杀毒软件等。

(3) 在安装 32 位版本数据库之前,还应保证系统时间在 1970 年 1 月 1 日 00:00:00 到 2038 年 1 月 19 日 03:14:07 之间。

(4) 若系统中已安装达梦数据库,应在重新安装前,备份数据后,完全卸载原来的系统。

1.2.2　达梦数据库服务器、客户端安装

1. 服务器端安装

在 Windows 操作系统上安装达梦数据库时，应使用 Administrator 账户或其他拥有管理员权限的账户，所以在运行达梦数据库安装程序前，应使用 Administrator 或其他拥有管理员权限的账户登录。

在 Windows 系列操作系统上 DM 的安装是一样的，在 Windows 环境下安装 DM 服务器端软件和安装一般软件十分相似，下面以 Windows 10 为例描述整个安装过程，在其他的 Windows 环境下的安装过程可以参考此安装过程。用户可根据安装向导完成 DM 服务器端软件的安装，DM 服务器端软件的具体安装步骤如下。

步骤 1：用户在确认 Windows 系统已正确安装和网络系统能正常运行的情况下，将 DM 安装光盘放入光驱中，系统会自动进入安装界面，如果已将安装程序复制至本地硬盘中，则应运行"setup. exe"文件，弹出选择语言与时区对话框，如图 1-1 所示，请根据系统配置选择相应语言与时区，默认为"简体中文"与"（GTM＋08:00）中国标准时间"，单击"确定"按钮继续安装。

图 1-1　选择语言与时区对话框

之后会进入安装向导界面，如图 1-2 所示，单击"下一步"按钮继续安装。

步骤 2：接受许可证协议，如图 1-3 所示。在安装和使用 DM 之前，用户需要阅读许可证协议条款，如果接受该协议，则选中"接受"，并单击"下一步"按钮继续安装；如

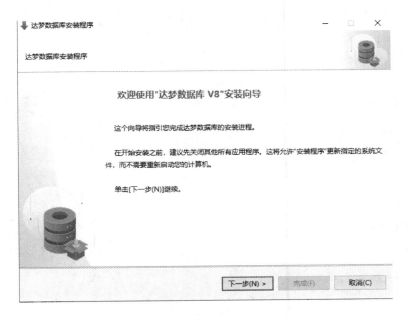

图 1-2 安装向导界面

果选中"不接受",将无法进行安装。

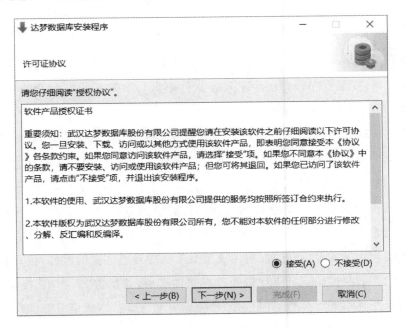

图 1-3 许可证协议界面

步骤 3:查看组件信息,用户可通过图 1-4 所示的组件信息界面查看 DM 服务器、客户端等各组件相应的版本信息，读者获得的软件版本可能更新。单击"下一步"按钮继续安装。

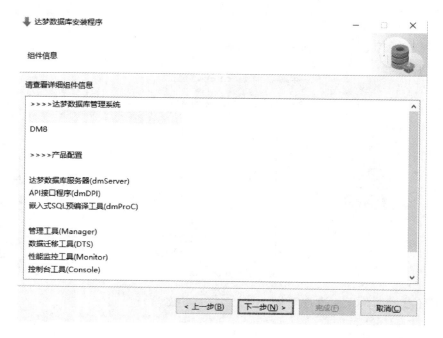

图 1-4　组件信息界面

步骤 4：验证 Key 文件。图 1-5 所示为 Key 文件验证界面，用户单击"浏览"按钮，选取 Key 文件，安装程序将自动验证 Key 文件信息。如果 Key 文件合法且在有效期内，用户可以单击"下一步"按钮继续安装。

步骤 5：选择组件，如图 1-6 所示。DM 安装程序提供 4 种安装方式：典型安装、服务器安装、客户端安装和自定义安装。用户可根据实际情况灵活选择。

用户若想安装服务器端、客户端所有组件，则选择"典型安装"，单击"下一步"按钮继续；用户若只想安装 DM 服务器端组件，则选择"服务器安装"，单击"下一步"按钮继续；用户若想安装所有的客户端组件，则选择"客户端安装"，单击"下一步"按钮继续；用户若想自定义安装，则选择"自定义安装"，选中自己需要的组件，在安装过程中，要安装服务器端组件，请确认选中服务器端组件选项，并单击"下一步"按钮继续。一般地，作为服务器端的计算机只需选择"服务器安装"选项，特殊情况下，服务器端的计算机也可以作为客户机使用，此时，计算机必须安装相应的客户端软件。

步骤 6：选择安装位置。如图 1-7 所示，设置达梦数据库安装目录。达梦数据库默认安装在 d:\dmdbms 目录下，用户可以通过单击"浏览"按钮自定义安装目录。

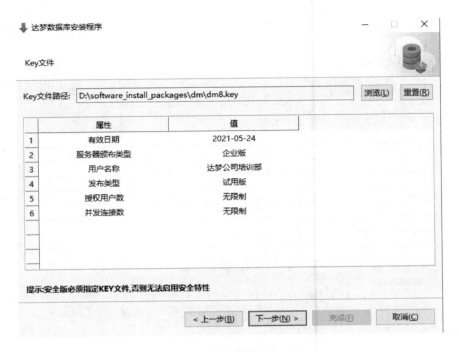

图 1-5   Key 文件验证界面

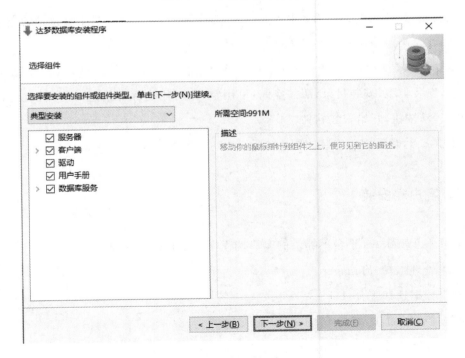

图 1-6   选择组件界面

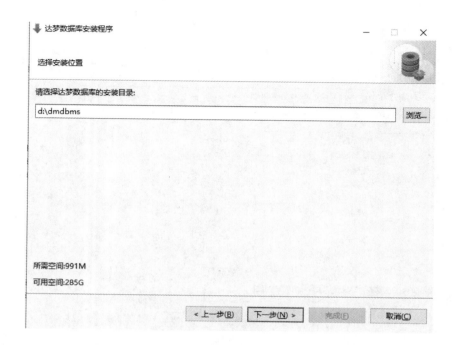

图 1-7　选择安装位置界面

说明：安装路径里的目录名由英文字母、数字和下划线等组成，不支持包含空格的目录名，建议不要使用中文字符等。

步骤 7：安装前小结。图 1-8 显示用户即将进行安装的有关信息，如产品名称、版本信息、安装类型、安装目录、所需空间、可用空间、可用内存等信息，用户检查无误后单击"安装"按钮，开始安装软件。

步骤 8：达梦数据库安装。图 1-9 所示为达梦数据库安装界面。

2. 客户端安装

DM 在 Windows 平台下提供的客户端程序主要有以下几种。

（1）管理工具：Manager。

（2）数据迁移工具：DTS。

（3）控制台工具：Console。

（4）性能监控工具：Monitor。

（5）审计分析工具：Analyzer。

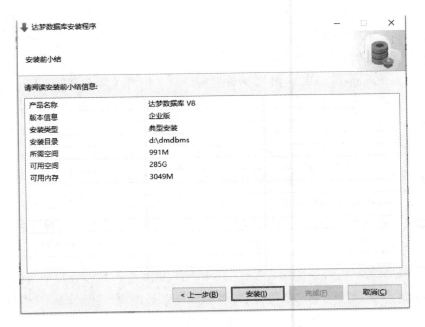

图 1-8　安装前小结界面

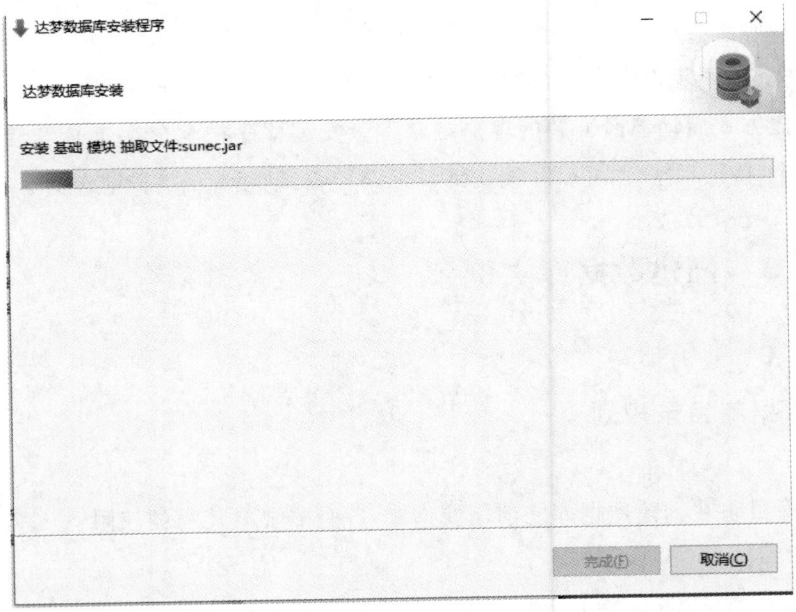

图 1-9　达梦数据库安装界面

（6）ODBC 3.0 驱动程序：dodbc. dll。

（7）JDBC 3.0 驱动程序：DM8JdbcDriver. jar。

（8）OLEDB 2.7 驱动程序：doleitb. dll。

（9）C Language Tools：一组 C 语言开发的命令行工具。

注意：命令行工具包括 disql、dminit、DM Server 等，以及预编译工具 PreCompiler（ProC 编译工具/环境）等。

DM 客户端软件的安装步骤和 DM 服务器端软件的安装步骤基本一致，先把 DM 安装光盘放入光驱中，DM 安装光盘上的安装程序将自动执行，或复制至硬盘中运行"setup. exe"文件，具体步骤如下。

步骤 1～4：参考"1. 服务器端安装"部分，客户端软件的安装步骤与服务器端软件的安装步骤类似。

步骤 5：选择安装方式，如图 1-6 所示。用户若想安装所有的客户端组件，则选择"客户端安装"，单击"下一步"按钮继续；用户也可以选择"自定义安装"，根据需要选择要安装的客户端组件，单击"下一步"按钮继续。

说明：DM 的编程接口 DPI 的动态库文件（dmdpi. dll）在安装过程中是自动安装的。

其余步骤参考"1. 服务器端安装"部分。

安装完毕，安装程序自动在"开始"菜单下添加"达梦数据库"选项。用户可以单击相应的快捷方式启动已经安装的客户端软件。安装程序把客户端工具安装在目标路径的 tool 目录下，用户也可以直接找到目标路径，启动相应的客户端软件。

1.2.3　创建数据库实例

1. 数据库目录规划

数据库目录在创建数据库之前需要指定，并且需要有读写的权限。

2. 界面方式创建数据库

若用户选中"创建数据库实例"，单击"开始"按钮将弹出达梦数据库配置助手界面,如图 1-10 所示,初次安装数据库时需要初始化数据库。

图 1-10　达梦数据库配置助手界面

步骤 1:选择操作方式。在图 1-10 所示界面中,用户可选择创建数据库实例、删除数据库实例、注册数据库服务和删除数据库服务等操作方式,但初次安装数据库应选中"创建数据库实例",单击"开始"按钮。

步骤 2:创建数据库模板。系统提供三套数据库模板供用户选择:一般用途、联机分析处理和联机事务处理。用户可根据自身的用途选择相应的模板,如图1-11所示。

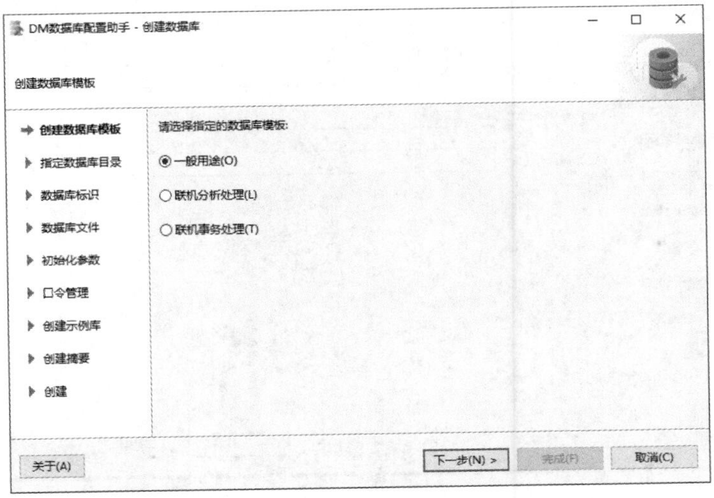

图 1-11　创建数据库模板界面

步骤 3：指定数据库所在目录。用户可通过单击"浏览"或输入的方式设置数据库目录，如图 1-12 所示。

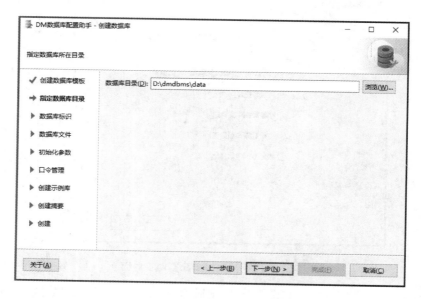

图 1-12　指定数据库所在目录界面

步骤 4：设置数据库标识。用户可输入数据库名、实例名、端口号等参数，如图 1-13 所示。

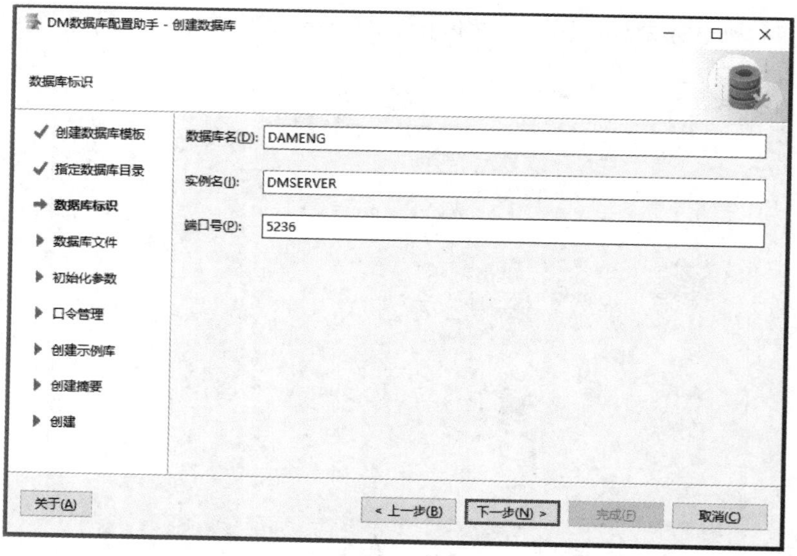

图 1-13　设置数据库标识界面

步骤 5：设置数据库文件所在位置。用户可通过选择或输入确定数据库控制文件、数据文件、日志文件的所在位置，并可通过右侧功能按钮，添加或删除文件，如图 1-14 所示。

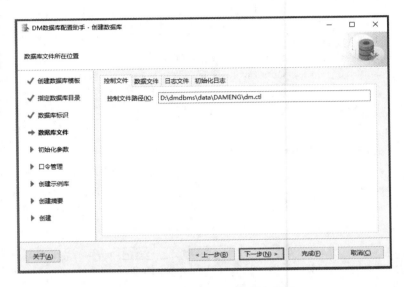

图 1-14　设置数据库文件所在位置

步骤 6：设置数据库初始化参数。用户可输入数据库相关参数，如簇大小、页大小、日志文件大小等，如图 1-15 所示。

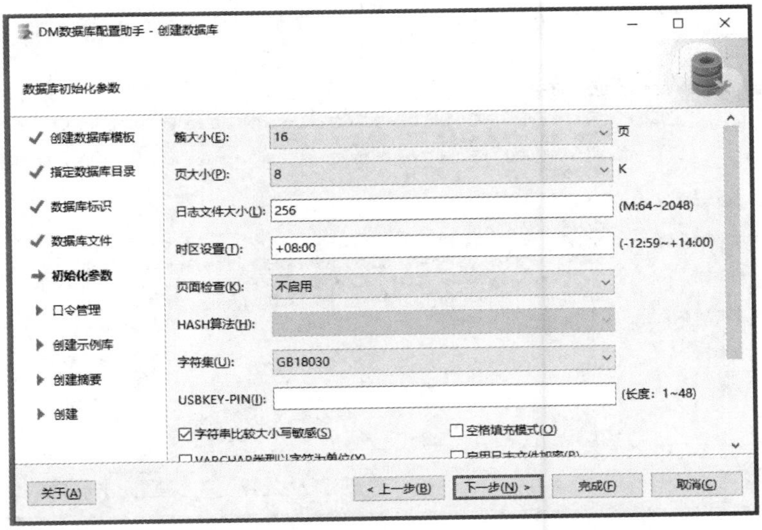

图 1-15　设置数据库初始化参数

步骤 7:设置数据库口令。用户可输入 SYSDBA(数据库系统管理员)、SYSAUDITOR(数据库系统审计员)的密码,对默认口令进行更改,如图 1-16 所示。

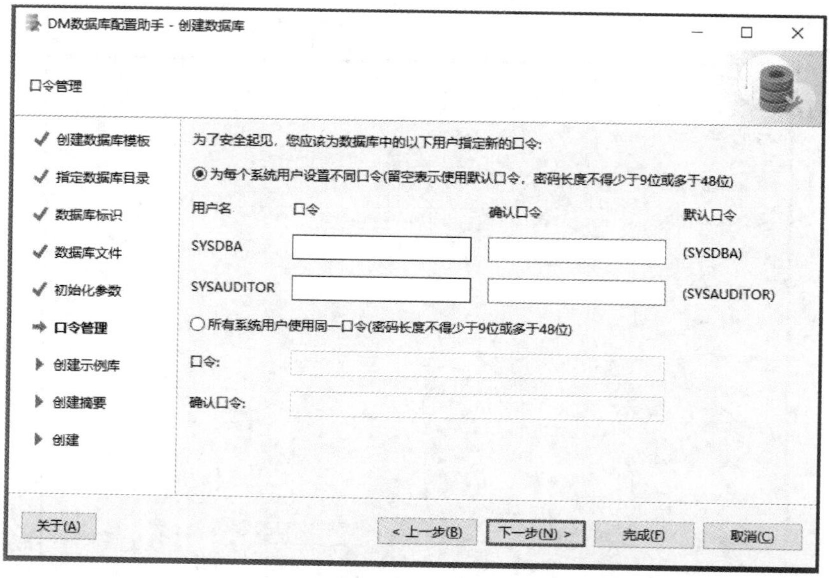

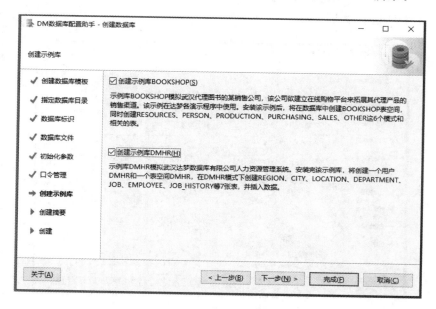

图 1-16　口令管理界面

步骤 8:创建示例库。请用户选中创建示例库复选框,如图 1-17 所示。

图 1-17　创建示例库界面

步骤 9：创建数据库概要。在安装数据库之前，将显示用户通过数据库配置工具设置的相关参数，如图 1-18 所示。

图 1-18　创建数据库概要界面

步骤 10：创建数据库，如图 1-19 所示。

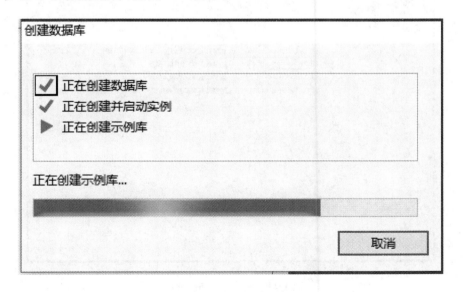

图 1-19　创建数据库界面

步骤 11:创建数据库完成。数据库创建完成后,将进入图 1-20 所示的创建数据库完成界面,并可通过"DM 服务查看器"工具查看 DM 相关服务,如图 1-21 所示。

图 1-20　创建数据库完成界面

图 1-21　查看 DM 相关服务

1.2.4　卸载数据库软件

达梦数据库软件的卸载步骤和普通软件的卸载步骤类似，只需通过向导式的操作界面即可完成达梦数据库软件的卸载，具体操作步骤如下。

步骤 1：备份数据。由于卸载达梦数据库服务端软件将导致数据库无法使用，因此在卸载达梦服务器端软件时应先备份数据。

步骤 2：找到数据库安装路径，双击"uninstall.exe"开始卸载。

步骤 3：确认是否卸载达梦数据库。卸载之前将会弹出图 1-22 所示的卸载确认界面，防止用户误操作，用户可单击"确定"按钮确认卸载。

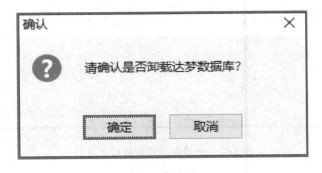

图 1-22　卸载确认界面

步骤 4：提示卸载信息。如图 1-23 所示，达梦数据库卸载程序会提示"达梦数据库卸载程序将删除系统上已经安装过的功能部件，但不会删除安装后创建的文件夹和文件"，并提示卸载目录，用户可直接单击"卸载"按钮开始卸载数据库系统，确认删除达梦数据库对话框提示"是否删除 dm_svc.conf 配置文件？"，如图1-24 所示。正在卸载达梦数据库界面如图 1-25 所示。

步骤 5：达梦数据库卸载完成，删除数据库安装完成后创建的文件和文件夹。达梦数据库卸载完成后会进入图 1-26 所示的达梦数据库卸载完成界面。同时，卸载达梦数据库时并不删除数据库安装完成后创建的文件和文件夹，需手动删除，例如，需手动删除 D:\dmdmbs 目录及该目录下的所有文件。

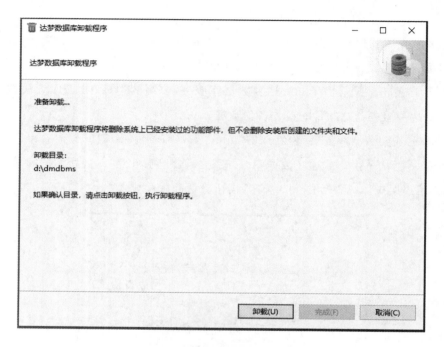

图 1-23　达梦数据库卸载提示界面

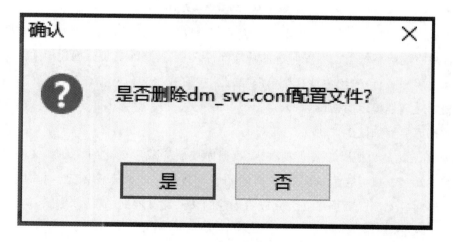

图 1-24　确认删除达梦数据库对话框

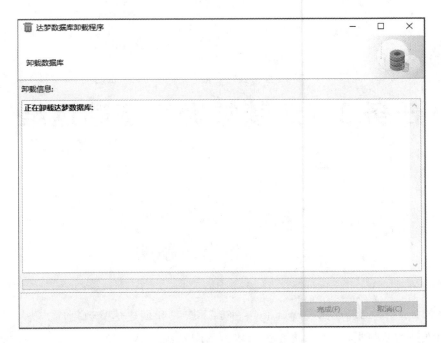

图 1-25　正在卸载达梦数据库界面

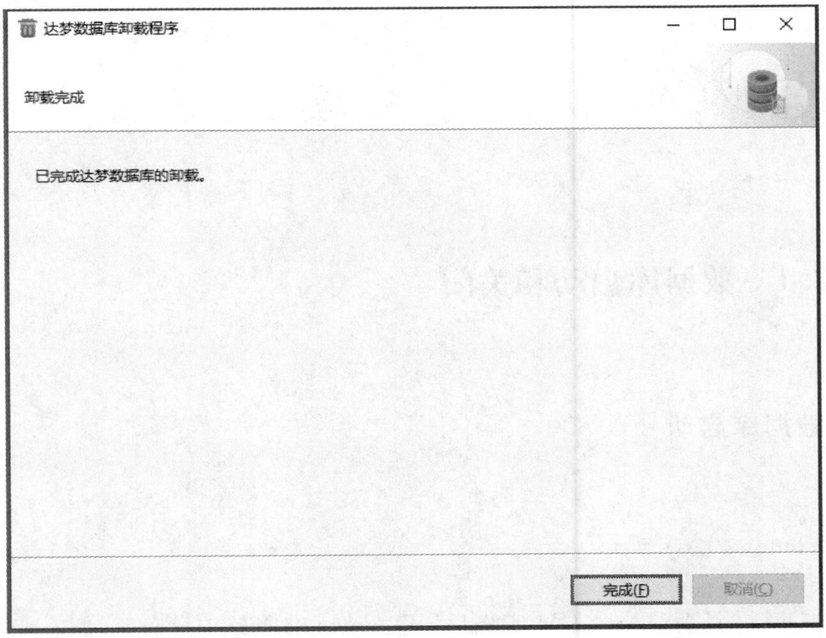

图 1-26　达梦数据库卸载完成界面

任务 2　达梦数据库基础运维

2.1　任　务　说　明

在任务 1 中,已经成功在 Windows 平台上安装和创建达梦数据库。为了更好地管理和维护达梦数据库,本章将介绍达梦数据库基础运维知识,包括数据库启动和关闭,表空间创建、修改和删除,模式创建、修改和删改,表的创建、修改和删除。

2.2　任　务　实　现

2.2.1　数据库启动和关闭

1. 数据库启动

1) Windows 服务方式

安装 DM 并且新建一个 DM 实例后,Windows 的服务中会自动增加一项和该实例名对应的服务。例如,新建一个实例名为 DMSERVER 的 DM 实例,Windows 的服务中会增加一项名称为“DmServiceDMSERVER”的服务。打开 Windows 的任务管理器，选择"服务"，打开 Windows 服务控制台，如图 2-1 所示，选择"DmServiceDMSERVER"，用鼠标在工具栏单击"启动"按钮或者单击鼠标右键，在菜单栏中选择"启动"，启动 DM。

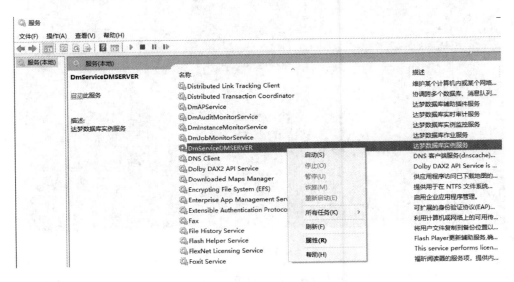

图 2-1　DM 服务方式启动

2）命令行方式

打开 Windows 命令提示符工具，在命令工具中执行命令进入 DM 服务器的安装目录，再执行 dmserver 的命令启动 DM，如图 2-2 所示。

命令行方式启动参数如下：

```
dmserver [ini_file_path] [-noconsole] [mount]
```

说明：

（1）dmserver 命令行启动参数可指定 dm.ini 文件的路径、非控制台方式启动及指定数据库是否以 MOUNT（配置）状态启动；

（2）dmserver 启动时可不指定任何参数，默认使用当前目录下的 dm.ini 文件，如果当前目录下不存在 dm.ini 文件，则无法启动；

（3）dmserver 启动时可以指定－noconsole 参数。如果以此方式启动，则无法在控制台中输入服务器命令。

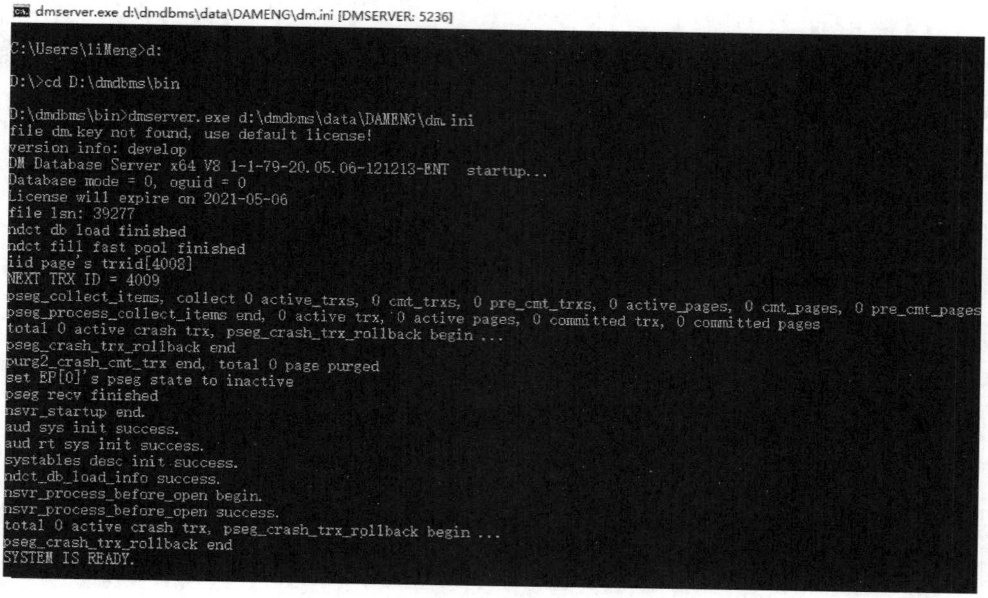

图 2-2　DM 命令行方式启动

当不确定启动参数的使用方法时，可以使用 help 参数，将打印出格式、参数说明和使用示例。使用方法如下：

```
dmserver help
```

当以控制台方式启动 dmserver 时，用户可以在控制台输入一些命令，服务器将在控制台打印出相关信息或执行相关操作。dmserver 控制台支持的命令见表 2-1。

表 2-1　dmserver 控制台支持的命令

命　　令	操　　作
EXIT	退出服务器
LOCK	打印锁系统信息
TRX	打印等待事务信息
CKPT	设置检查点
BUF	打印内存池中缓冲区的信息
MEM	打印服务器占用内存大小

续表

命　　令	操　　作
SESSION	打印连接个数
DEBUG	打开 DEBUG 模式

2. 数据库关闭

1）Windows 服务方式

安装 DM 并且新建一个 DM 实例后，Windows 的服务中会自动增加一项和该实例名对应的服务。例如，新建一个实例名为 DMSERVER 的 DM 实例，Windows 的服务中会增加一项名称为"DmServiceDMSERVER"的服务。打开 Windows 的任务管理器，选择"服务"，打开 Windows 服务控制台，如图 2-3 所示，选择"DmServiceDMSERVER"，用鼠标在工具栏单击"启动"按钮或者单击鼠标右键，在菜单栏中选择"停止"，停止 DM。

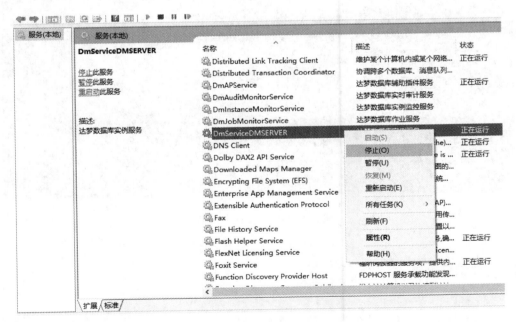

图 2-3　DM 服务方式停止

2）命令行方式

在启动数据库的命令工具中输入 exit，然后回车，关闭 DM，如图 2-4 所示。

命令提示符

```
ckpt_1sn, ckpt_fil, ckpt_off are set as (40535, 0, 8528384)
checkpoint: 0 pages flushed.
checkpoint finished, rlog free space, used space is (536847360, 15360)
ckpt_1sn, ckpt_fil, ckpt_off are set as (40669, 0, 8543744)
checkpoint: 0 pages flushed.
checkpoint finished, rlog free space, used space is (536862720, 0)
ckpt_1sn, ckpt_fil, ckpt_off are set as (40669, 0, 8543744)
checkpoint: 0 pages flushed.
checkpoint finished, rlog free space, used space is (536862720, 0)
shutdown archive subsystem...OK
shutdown redo log subsystem...OK
shutdown MAL subsystem...OK
shutdown message compress subsystem successfully.
shutdown task subsystem...OK
shutdown trace subsystem...OK
shutdown svr_log subsystem...OK
shutdown plan cache subsystem...OK
shutdown file subsystem...OK
shutdown database dictionary subsystem...OK
shutdown mac cache subsystem...OK
shutdown dynamic login cache subsystem...OK
shutdown ifun/bifun/sfun/afun cache subsystem...OK
shutdown crypt subsystem...OK
shutdown pipe subsystem...OK
shutdown compress component...OK
shutdown slave redo subsystem...OK
shutdown kernel buffer subsystem...OK
shutdown SQL capture subsystem...OK
shutdown control file system...OK
shutdown dtype subsystem...OK
shutdown huge buffer and memory pools...OK
close 1snr socket
DM Database Server shutdown successfully.
```

图 2-4　DM 命令行方式停止

2.2.2　表空间管理

DM 表空间用于对达梦数据库进行逻辑划分，一个数据库有多个表空间，每个表空间对应着磁盘上一个或多个数据库文件。从物理存储结构上讲,数据库对象如表、视图、索引、序列、存储过程等存储在磁盘的数据文件中,从逻辑存储结构上讲,这些数据库对象都存储在表空间中,因此表空间是创建其他数据库对象的基础。

根据表空间的用途不同,表空间又可以细分为基表空间、临时表空间、大表空间等,本节重点介绍表空间的创建、修改、删除等日常管理操作。

1. 创建永久表空间

创建表空间的过程就是在磁盘上创建一个或多个数据文件的过程,这些数据文件由达梦数据库管理系统控制和使用,所占的磁盘存储空间归达梦数据库所有。表空间用于存储表、视图、索引等内容,可以占据固定的磁盘空间,也可以随着存储数据量的增大而不断扩展。表空间可以通过 SQL 命令,也可以通过 DM 管理工具来创建。本部分主要介绍用 DM 管理工具来创建表空间的方法。

1) 用 DM 管理工具创建表空间

DM 提供图形化管理工具来对表空间进行管理活动,本部分直接通过举例讲述如何用 DM 管理工具来创建表空间。

例 2-1　创建一个名为 EXAMPLE2 的表空间,包含一个数据文件 EXAMPLE2. DBF,其初始大小为 32 MB。

步骤 1:登录 DM 管理工具,并使用具有 DBA 角色的用户登录数据库,如使用 SYSDBA 用户,如图 2-5 所示。由于达梦数据库严格区分大小写,输入口令时需注意大小写问题。此外,在后续操作中也需注意大小写问题。

步骤 2:登录 DM 管理工具后,右键单击对象导航页面的"表空间"节点,在弹出的快捷菜单中单击"新建表空间"按钮,如图 2-6 所示。

步骤 3:在弹出的图 2-7 所示的"新建表空间"对话框中,在"表空间名"文本框中设置表空间的名称为 EXAMPLE2,请注意大小写。DM 管理工具创建表空间参数说明见表 2-2。

图 2-5　登录 DM 管理工具

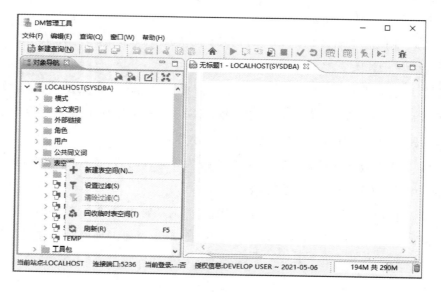

图 2-6　新建表空间

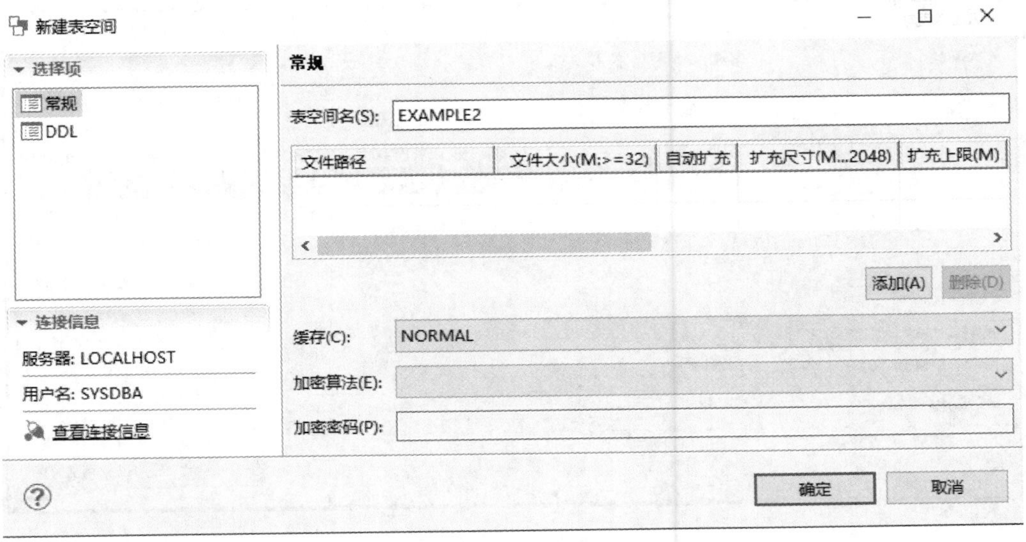

图 2-7　表空间参数设置界面

表 2-2　DM 管理工具创建表空间参数说明

参　　　数	说　　　明
表空间名	表空间的名称
文件路径	数据文件的路径。可以单击"浏览"按钮来浏览本地数据文件路径,也可以手动输入数据文件路径,但该路径应该对服务器端有效,否则无法创建
文件大小	数据文件的大小,单位为 MB
自动扩充	数据文件的自动扩充属性状态,包括以下三种情况。 默认:使用服务器默认设置。 打开:开启数据文件的自动扩充。 关闭:关闭数据文件的自动扩充
扩充尺寸	数据文件每次扩展的大小,单位为 MB
扩充上限	数据文件可以扩充到的最大值,单位为 MB

步骤 4:在图 2-7 中单击"添加"按钮,在表格中自动添加一行记录,数据文件大小默认为 32 MB,在"文件路径"单元格中输入或选择"D:\dmdbms\data\DAMENG\EXAMPLE2.DBF"文件。其他参数不变,结果如图 2-8 所示。

步骤 5:参数设置完成后,可单击"新建表空间"对话框左侧的"DDL"选择项,观察

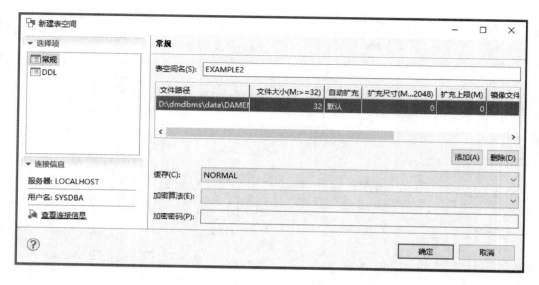

图 2-8　新建 EXAMPLE2 表空间

新建表空间对应的语句,如图 2-9 所示。单击"确定"按钮,完成 EXAMPLE2 表空间的创建,可在 DM 管理工具左侧对象导航页面的"表空间"节点下,观察到新建的 EXAMPLE2 表空间。

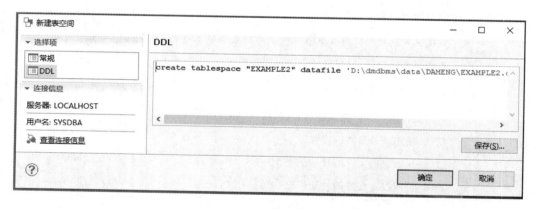

图 2-9　新建 EXAMPLE2 表空间对应的 DDL 语句

2) 创建表空间注意事项

(1) 创建表空间的用户必须具有创建表空间的权限,一般使用具有 DBA 权限的用户进行创建、修改、删除等表空间管理活动。

(2) 表空间名在服务器中必须唯一。

（3）一个表空间最多可以拥有 256 个数据文件。

2. 修改表空间

随着数据库的数据量不断增大，原来创建的表空间可能不能满足数据存储的需要，应当适时对表空间进行修改，增加数据文件或者扩展数据文件的大小。同样，可以运用 SQL 命令和 DM 管理工具来修改表空间。本部分只介绍用 DM 管理工具修改表空间的方法。

1）用 DM 管理工具修改表空间

DM 提供图形化管理工具来对表空间进行管理活动，本部分直接通过举例讲述如何用 DM 管理工具来修改表空间。

例 2-2　将 EXAMPLE2 表空间名改为 EXAMPLE1，并为该表空间增加一个名为 EXAMPLE1.DBF 的数据文件，设置该文件初始大小为 300 MB，且不能自动扩展。

步骤 1：在 DM 管理工具中，右键单击"表空间"节点下的"EXAMPLE2"节点，弹出图 2-10 所示的界面。

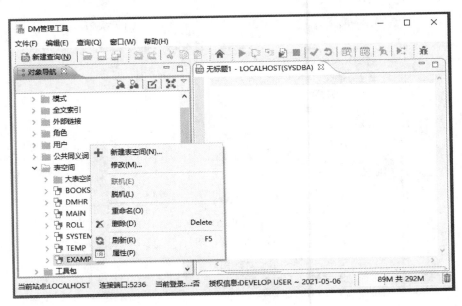

图 2-10　重命名表空间入口

步骤 2：在图 2-10 所示界面中，单击"重命名"按钮，弹出图 2-11 所示的重命名表空间对话框，在对话框中，设置表空间名为 EXAMPLE1，然后单击"确定"按钮，完成表空间的重命名。

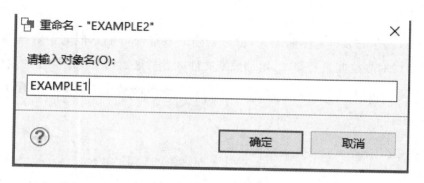

图 2-11　重命名表空间对话框

步骤 3：再次进入图 2-10 所示的界面，单击"修改"按钮，进入图 2-12 所示的修改表空间对话框。

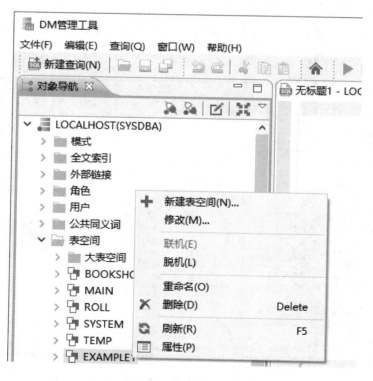

图 2-12　修改表空间对话框

步骤 4：在图 2-13 中，单击"添加"按钮，添加一行记录，并设置文件路径、文件大小、自动扩充等参数，单击"确定"按钮完成数据文件的添加。

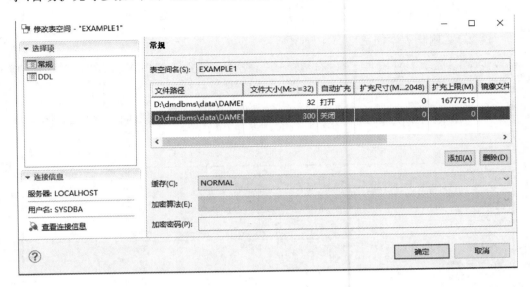

图 2-13　为表空间添加数据文件

2）修改表空间注意事项

（1）修改表空间的用户必须具有修改表空间的权限，一般使用具有 DBA 权限的用户进行创建、修改、删除等表空间管理活动。

（2）修改表空间数据文件大小时，其大小必须大于数据文件自身大小。

（3）如果表空间有未提交事务，不能修改表空间的 OFFLINE 状态。

（4）重命名表空间数据文件时，表空间必须处于 OFFLINE 状态，修改成功后再将表空间状态修改为 ONLINE 状态。

3. 删除表空间

虽然实际工作中很少进行删除表空间的操作，但是掌握删除表空间的方法是有必要的。由于表空间中存储了表、视图、索引等数据对象，删除表空间必然导致数据损失，因此达梦数据库对删除表空间有严格限制。我们既可以运用 SQL 命令删除表空间，又可以用 DM 管理工具删除表空间。本部分只介绍用 DM 管理工具删除表空间的方法。

1）用 DM 管理工具删除表空间

本部分直接通过举例讲述如何用 DM 管理工具来删除表空间。

例 2-3　删除表空间 EXAMPLE1。

步骤 1：登录 DM 管理工具，右键单击"表空间"节点下的"EXAMPLE1"节点，弹出类似图 2-10 所示菜单。

步骤 2：在弹出的快捷菜单中单击"删除"按钮，进入删除表空间主界面，如图 2-14 所示。

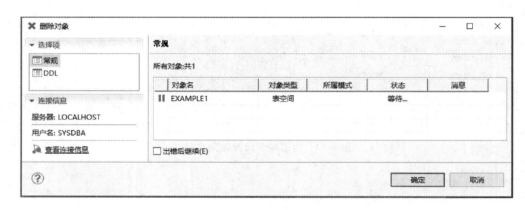

图 2-14　删除表空间主界面

步骤 3：在图 2-14 中列出了被删除表空间的对象名、对象类型、状态等内容。EXAMPLE1 处于待删除的状态，"取消"按钮表示不删除，"确定"按钮表示删除。单击"确定"按钮后，完成 EXAMPLE1 表空间及其数据文件的删除。

2）删除表空间注意事项

（1）SYSTEM、RLOG、ROLL 和 TEMP 表空间不允许删除。

（2）删除表空间的用户必须具有删除表空间的权限，一般使用具有 DBA 权限的用户进行创建、修改、删除等表空间管理活动。

（3）系统处于 SUSPEND（挂起）或 MOUNT 状态时不允许删除表空间，系统只有处于 OPEN（打开）状态时才允许删除表空间。

（4）如果表空间存放了数据，则不允许删除表空间。如果确实要删除表空间，则必须先删除表空间中的数据对象。

2.2.3　模式管理

在 DM 中,系统为每一个用户自动建立了一个与用户名同名的模式,并将其作为默认模式,用户还可以用模式定义语句来建立其他模式。一个用户可以创建多个模式,但一个模式只归属于一个用户,一个模式中的对象(表、视图等)可以被该用户使用,也可以授权给其他用户访问。

1.　创建模式

创建模式时要指定归属的用户名,可以在创建模式的同时创建模式中的对象,但通常是分开进行的。可以采用 SQL 命令或 DM 管理工具来创建模式。本部分只介绍用 DM 管理工具创建模式的方法。

1) 用 DM 管理工具创建模式

本部分直接通过举例讲述如何用 DM 管理工具来创建模式。

例 2-4　以用户 SYSDBA 给 DMHR 用户创建一个模式,名称为 DMHR3。

步骤 1:启动 DM 管理工具,使用 SYSDBA 用户登录数据库,右键单击对象导航窗体中"模式"节点,弹出图 2-15 所示的快捷菜单。

步骤 2:在弹出的快捷菜单中单击"新建模式"按钮,弹出图 2-16 所示的操作界面。

步骤 3:在图 2-16 中,设置模式名为 DMHR3。单击"选择用户"按钮,弹出"选择(用户)"对话框,如图 2-17 所示,选中"DMHR"(用户)并单击"确定"按钮返回。

步骤 4:在图 2-16 中,单击"确定"按钮,完成模式创建过程。

2) 创建模式注意事项

(1) 模式名不可与其所在数据库中其他模式名相同;在创建新的模式时,如果存在同名的模式,那么该命令不能执行。

(2) 创建模式的用户必须具有 DBA 或 CREATE SCHEMA 权限。

(3) 模式一旦定义,该用户所建基表、视图等均属于该模式,其他用户访问该用户所建立的基表、视图等均须在表名、视图名前冠以模式名;而建表者访问自己当前模式

图 2-15　新建模式

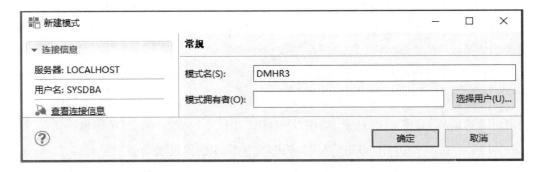

图 2-16　设置模式名

所建基表、视图时模式名可省;若没有指定当前模式,则系统自动以当前用户名为模式名。

（4）模式定义语句不能与其他 SQL 语句一起执行。

（5）在 DISQL 工具中使用 CREATE SCHEMA 语句时必须用"/"结束。

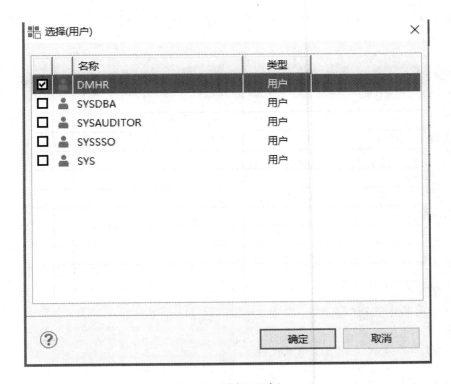

图 2-17　选择(用户)

2.修改模式

当一个用户有多个模式时,可以指定一个模式为当前默认模式,用 SQL 命令来设置当前模式。设置当前模式的 SQL 命令格式如下:

```
SET SCHEMA < 模式名 > ;
```

例 2-5　将 DMHR3 模式设置为 DMHR 用户的当前模式。

用 DM 管理工具设置当前模式步骤如下。

步骤 1:启动 DM 管理工具,并使用 DMHR 用户登录数据库,默认密码为"dameng123"。

步骤 2:在 DM 管理工具中,单击工具栏中"新建查询"按钮,新建一个查询。

步骤 3:在新建的查询中输入下面语句,注意达梦数据库执行 SQL 语句时,会自动将数据对象名转换为大写。如果不希望强制转换，可使用双引号将数据对象名括起来。

```
SET SCHEMA dmhr3;
```

步骤 4：用鼠标选中刚才输入的语句，并单击 DM 管理工具中工具栏上的向右的三角按钮，执行输入的语句，即可完成操作。

3. 删除模式

在 DM 中，允许用户删除整个模式，当模式下有表或视图等数据库对象时，必须采取级联删除，否则删除失败。可以用 SQL 命令或 DM 管理工具来删除模式。本部分只介绍用 DM 管理工具删除模式的方法。

1）用 DM 管理工具删除模式

例 2-6　以 SYSDBA 用户登录 DM 管理工具，删除 DMHR3 模式。

步骤 1：启动 DM 管理工具，并使用 SYSDBA 用户登录，右键单击对象导航窗体中"模式"节点下的"DMHR3"节点，弹出图 2-18 所示的菜单。

步骤 2：在图 2-18 所示菜单中，单击"删除"按钮，弹出"删除对象"对话框，如图 2-19 所示。

步骤 3：在图 2-19 中，确认无误后，单击"确定"按钮，完成 DMHR3 模式的删除。

2）删除模式注意事项

（1）模式名必须是当前数据库中已经存在的模式名。

（2）执行删除模式的用户必须具有 DBA 权限或是该模式的所有者。

2.2.4　表管理

表是数据库中数据存储的基本单元，是对用户数据进行读和操纵的逻辑实体。表由列和行组成，每一行代表一个单独的记录。表中包含一组固定的列，表中的列描述

图 2-18　模式管理操作入口

图 2-19　确认删除

该表所跟踪的实体的属性，每个列都有一个名称及特性。列的特性由两部分组成：数据类型和长度。对于 NUMERIC、DECIMAL 及那些包含秒的时间间隔类型来说，可以指定列的小数位及精度特性。在达梦数据库中，CHAR、CHARACTER、VARCHAR 数据类型的最大长度由数据库页面的大小决定，数据库页面的大小在初始化数据库时指定。

为了确保数据库中数据的一致性和完整性，在创建表时可以定义表的实体完整性、域完整性和参照完整性。实体完整性定义表中的所有行能唯一地标识，一般用主键、唯一索引、UNIQUE 关键字及 IDENTITY 属性来定义；域完整性通常指数据的有效性，用来限制数据类型、默认值、规则、约束、是否可以为空等条件，保证数据的完整性，确保我们不会输入无效的值；参照完整性维护表间数据的有效性、完整性，通常通过建立外键对应另一表的主键来实现。

如果用户在创建表时没有定义表的完整性和一致性约束条件，那么用户可以利用达梦数据库所提供的表修改语句或工具来补充或修改。达梦数据库提供的表修改语句或工具，可对表的结构进行全面的修改，包括修改表名和列名、增加字段、删除字段、修改字段类型、增加表级约束、删除表级约束、设置字段默认值、设置触发器状态等一系列修改功能。

在达梦数据库中，表可以分为两类，即数据库表和外部表，数据库表由数据库管理系统自行组织管理，而外部表在数据库的外部组织，是操作系统文件。这里只介绍数据库表的创建、修改和删除。

1. 创建表

在达梦数据库中，数据库表用于存储数据对象，分为一般数据库表（简称数据库表）和高性能数据库表。本部分只介绍用 DM 管理工具创建数据库表的方法。下面直接通过举例讲述如何用 DM 管理工具来创建数据库表。

例 2-7　在 DMHR 模式下创建 DEPT 表，表的字段要求见表 2-3。

表 2-3　DEPT 表

字　段　名	字　段　类　型	主　　键	非　　空	唯　　一
DEPTID	NUMBER(2，0)	是	是	是

续表

字　段　名	字　段　类　型	主　键	非　空	唯　一
DEPTNAME	VARCHAR(20)		是	是
DEPTLOC	VARCHAR(128)			

步骤1：启动 DM 管理工具，使用 DBA 角色的用户连接数据库，如 SYSDBA 用户。登录数据库成功后，右键单击对象导航窗体中"DMHR"模式下的"表"，弹出图 2-20 所示的菜单。

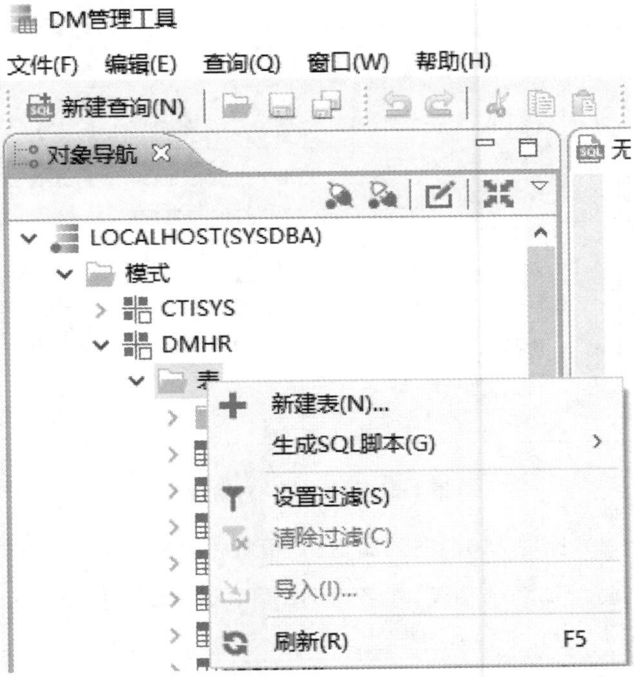

图 2-20　新建表

步骤2：在弹出的快捷菜单中单击"新建表"按钮，弹出"新建表"对话框，如图 2-21 所示。

步骤3：在图 2-21 中，进入常规参数页面，设置表名为 DEPT，注释为部门表。

单击"＋"按钮，增加一个字段，选中主键，列名为 DEPTID，数据类型选择 NUMBER，默认非空，精度为 2，标度为 0。

单击"＋"按钮，增加一个字段，列名为 DEPTNAME，数据类型选择 VARCHAR，

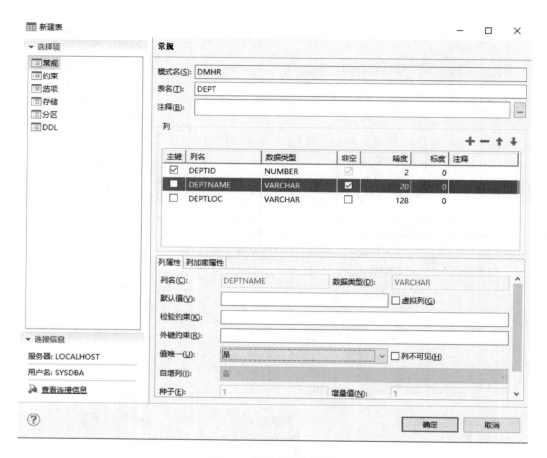

图 2-21 "新建表"对话框

选中非空,精度为 20,标度为 0。在列属性中,值唯一选择"是"。

单击"+"按钮,增加一个字段,列名为 DEPTLOC,数据类型为 VARCHAR,精度为 128,标度为 0。

步骤 4:字段设置完成后,单击"确定"按钮,完成 DEPT 表的创建。

2. 修改表

为了满足用户在建立应用系统的过程中需要调整数据库结构的需求,DM 系统提供了数据库表修改语句和工具,对表的结构进行全面的修改,包括修改表名和字段名、增加字段、删除字段、修改字段类型、增加表级约束、删除表级约束、设置字段默认值、设置触发器状态等一系列修改。

1）用 DM 管理工具修改数据库表

例 2-8　删除和添加字段。以 SYSDBA 用户登录，删除 DMHR 模式下的 DEPT 表中的 DEPTLOC 字段，并添加一个 DEPTMANAGERID 字段，该字段数据类型为 INT，长度为 10。

步骤 1：启动 DM 管理工具，以 SYSDBA 用户登录。登录数据库成功后，右键单击对象导航窗体中 DMHR 模式下的 DEPT 表，弹出图 2-22 所示的菜单。

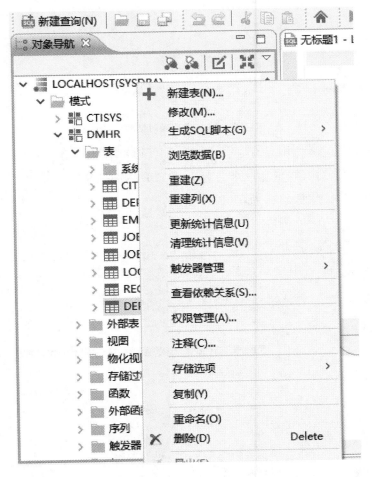

图 2-22　修改表操作入口

步骤 2：在图 2-22 所示的菜单中，单击"修改"按钮，弹出图 2-23 所示的修改表对话框。

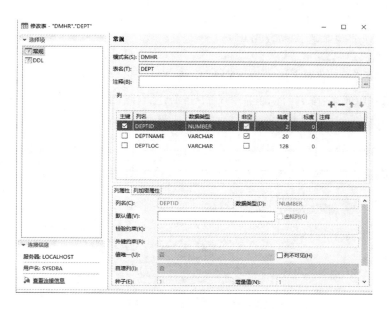

图 2-23 修改表对话框

步骤 3：在图 2-23 所示对话框中，选中 DEPTLOC 字段信息，并单击"－"按钮，删除该字段，单击"＋"按钮，增加一个名为 DEPTMANAGERID 的字段，并设置该字段类型为 INTEGER，精度为 10，如图 2-24 所示。

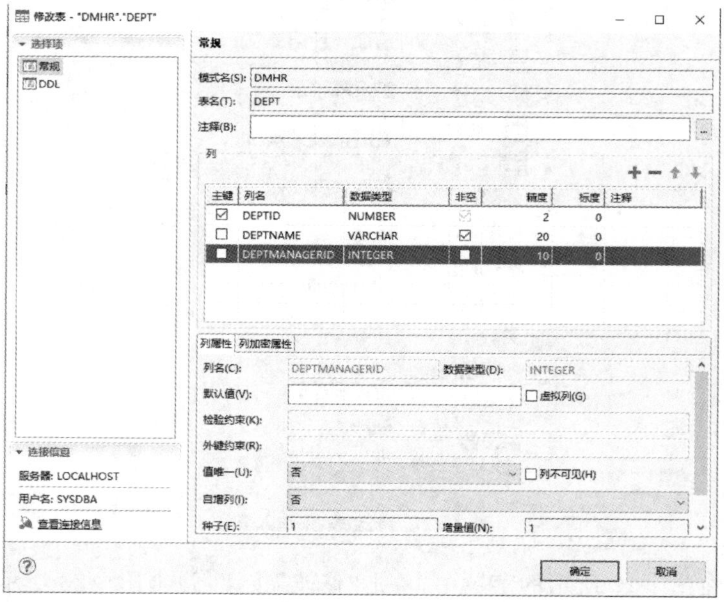

图 2-24 修改表操作完成

步骤 4：修改完成后，单击"确定"按钮，即可完成表的修改操作。

2）修改数据库表注意事项

（1）对列进行修改可更改列的数据类型时，若该表中无元组，则可任意修改其数据类型、长度、精度或量度；若表中有元组，则系统会尝试修改其数据类型、长度、精度或量度，如果修改不成功，则会报错返回。无论表中有无元组，多媒体数据类型和非多媒体数据类型都不能相互转换。

（2）修改有默认值的列的数据类型时，原数据类型与新数据类型必须是可以转换的，否则即使数据类型修改成功，在进行插入等其他操作时，仍会出现数据类型转换错误。

（3）增加列时，新增列名之间、新增列名与该基表中的其他列名之间均不能重复。若新增列有默认值，则已存在的行的新增列值是其默认值。

（4）具有 DBA 权限的用户或该表的建表者才能执行此操作。

3．删除表

删除数据库表会导致该表的数据及对该表的约束依赖删除，因此业务工作中很少有删除数据库表的操作，但是作为数据库管理员，掌握删除数据库表的方法是非常有必要的。

1）删除数据库表

删除数据库表可以采用 SQL 语句或管理工具来实现，此处使用 DM 管理工具来删除数据库表。

例 2-9　删除表。以 SYSDBA 用户登录，删除 DMHR 模式下的 DEPT 表。

使用 DM 管理工具删除表很简单，具体操作步骤如下。

步骤 1：启动 DM 管理工具，以 SYSDBA 用户登录。登录数据库成功后，右键单击对象导航窗体中 DMHR 模式下的 DEPT 表，弹出图 2-22 所示的菜单。

步骤 2：在图 2-22 所示的菜单中，单击"删除"按钮，弹出图 2-25 所示的删除对象对话框。

步骤 3：在图 2-25 所示对话框中，单击"确定"按钮，即可删除该表。

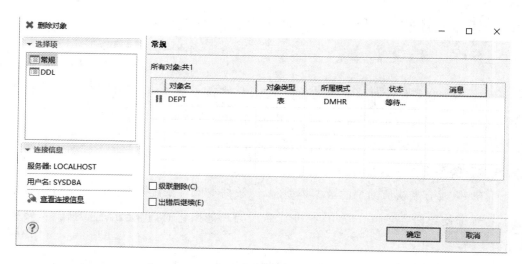

图 2-25　删除对象对话框

2）删除数据库表注意事项

（1）删除主从表时,应先删除从表,再删除主表。

（2）表删除后,该表上所建索引也同时删除。

（3）表删除后,所有用户在该表上的权限也自动取消,以后系统中再创建的同名基表是与该表毫无关系的表。

任务 3　数据管理

3.1　任务说明

在任务 2 中,已经在达梦数据库中完成了创建表。本章主要介绍数据管理。达梦数据库遵循 SQL 标准,提供了多种方式的数据查询和数据操作功能,可满足用户的实际应用需求。本章主要介绍通过 SQL 语句实现单表查询、多表连接查询、子查询、查询子句等的数据查询方法和表数据操作方法。

3.2　任务实现

3.2.1　单表查询

SQL 数据查询主要由 SELECT 语句完成,SELECT 语句是 SQL 的核心。单表查询就是利用 SELECT 语句仅从一个表/视图中查询数据,其语法如下:

```
SELECT < 选择列表>
FROM [< 模式名> .]< 基表名> |< 视图名> [< 相关名>]
[< WHERE 子句>]
```

```
[< CONNECT BY 子句>]
[< GROUP BY 子句>]
[< HAVING 子句>]
[ORDER BY 子句];
```

可选项 WHERE 子句用于设置对于行的查询条件,结果仅显示满足查询条件的数据内容;CONNECT BY 子句用于层次查询,适用于具有层次结构的自相关数据表查询,也就是说,在一张表中,有一个字段是另一个字段的外键;GROUP BY 子句将 WHERE 子句返回的临时结果重新编组,结果是行的集合,一组内一个分组列的所有值都是相同的;HAVING 子句用于为组设置检索条件;ORDER BY 子句则用于指定查询结果的排序条件,即以指定的一个字段或多个字段的数据值排序,根据条件可指定升序或降序。

1. 简单查询

SELECT 语句用于从表中选取数据,简单查询就是用 SELECT 语句把一个表中的数据存储到一个结果集中。其基本语法如下:

```
SELECT < 选择列表>
FROM [< 模式名> .]< 基表名> |< 视图名> [< 相关名>]
```

或

```
SELECT   *
FROM [< 模式名> .]< 基表名> |< 视图名> [< 相关名>]
```

说明:

（1）<选择列表>是选取要查询的列名;

（2）用户在查询时可以根据应用的需要改变列的显示顺序;

（3）星号(＊)是选取所有列的快捷方式,此时列的显示顺序跟数据表设计时列的顺序保持一致。

例 3-1 如果从员工表（employee）中查询所有员工的姓名（employee_name）、邮箱（email）、电话号码（phone_num）、入职日期（hire_date）、工资（salary）等数据，则查询语句为：

```
SELECT employee_name, email, phone_num, hire_date, salary
FROM employee;
```

简单查询结果 1 见表 3-1，可以看出，查询语句将员工表中所有员工的相关信息罗列了出来。如果将员工表中所有员工的全部信息罗列出来，则查询语句为：

```
SELECT *  FROM employee;
```

简单查询结果 2 见表 3-2。

如果只需要罗列出用户感兴趣的数据，则需要使用带条件的查询。

表 3-1 简单查询结果 1

employee_name	email	phone_num	hire_date	salary
马学铭	maxueming@dameng.com	15312348552	2008-05-30	30000
程擎武	chengqingwu@dameng.com	13912366391	2012-03-27	9000
郑吉群	zhengjiqun@dameng.com	18512355646	2010-12-11	15000
陈仙	chenxian@dameng.com	13012347208	2012-06-25	12000
金纬	jinwei@dameng.com	13612374154	2011-05-12	10000
⋮	⋮	⋮	⋮	⋮

表 3-2 简单查询结果 2

employee _id	employee _name	identity_card	email	phone _num
1001	马学铭	340102196202303000	maxueming@dameng.com	15312348552
1002	程擎武	630103197612261000	chengqingwu@dameng.com	13912366391
1003	郑吉群	11010319670412101X	zhengjiqun@dameng.com	18512355646

employee _id	employee _name	identity_card	email	phone _num
1004	陈仙	360107196704031000	chenxian@dameng.com	13012347208
1005	金纬	450105197911131000	jinwei@dameng.com	13612374154
⋮	⋮	⋮	⋮	⋮

2. 条件查询

条件查询是指在指定表中查询满足条件的数据。该功能是在查询语句中使用 WHERE 子句实现的。其基本语法如下:

```
SELECT < 选择列表>
FROM [< 模式名> .]< 基表名> | < 视图名> [< 相关名> ]
WHERE 子句
```

WHERE 子句常用的查询条件形如:列名、运算符、值。运算符由逻辑运算符和谓词组成。谓词指明了一个条件,该条件求解后,结果为一个布尔值:真、假或未知。逻辑运算符有 AND、OR、NOT。谓词包括比较谓词(=、>、<、>=、<=、<>)、BETWEEN 谓词、IN 谓词、LIKE 谓词、NULL 谓词等。

在 WHERE 子句中可使用的运算符见表 3-3。

表 3-3 WHERE 子句运算符

条件类型	运算符	描述
比较	=	等于
	< >	不等于
	>	大于
	<	小于
	>=	大于等于
	<=	小于等于

续表

条 件 类 型	运 算 符	描 述
确定范围	BETWEEN AND	在某个范围内
	NOT BETWEEN AND	不在某个范围内
确定集合	IN	在某个集合内
	NOT IN	不在某个集合内
字符匹配	LIKE	与某字符匹配
	NOT LIKE	与某字符不匹配
空　　值	IS NULL	是空值
	IS NOT NULL	不是空值
逻辑运算符	AND	两个条件都成立
	OR	只要一个条件成立
	NOT	条件不成立

1) 使用比较谓词的查询

比较谓词包括：＝（等于）、＜＞（不等于）、!＝（不等于）、＞（大于）、＜（小于）、＞＝（大于等于）、＜＝（小于等于）。当使用比较谓词时,对于数值型数据,根据它们代数值的大小进行比较,对于字符串,则按序对同一顺序位置的字符逐一进行比较。若两字符串长度不同,应在短的一方后面增加空格,使两字符串长度相同后再做比较。

例 3-2　查询工资高于 20000 元的员工信息,查询语句如下：

```
SELECT employee_name, email, phone_num, hire_date, salary
FROM employee
WHERE salary > 20000;
```

使用比较谓词的查询结果见表 3-4。

表 3-4　使用比较谓词的查询结果

employee_name	email	phone_num	hire_date	salary
马学铭	maxueming@dameng.com	15312348552	2008-05-30	30000

续表

employee_name	email	phone_num	hire_date	salary
苏国华	suguohua@dameng.com	15612350864	2010-10-26	30000
郑晓同	zhengxiaotong@dameng.com	18512363946	2006-10-26	30000

2）使用 BETWEEN 谓词的查询

谓词 BETWEEN 用来确定查询的范围，BETWEEN AND 或 NOT BETWEEN AND 可以用来查找属性值在或不在指定范围内的记录，其中 BETWEEN 后是范围的下限（即低值），AND 后是范围的上限（即高值）。查询结果包含满足低值和高值条件的记录。

例 3-3 查询工资在 5000 元至 10000 元的员工信息，查询语句如下：

```
SELECT employee_name, email, phone_num, hire_date, salary
FROM employee
WHERE salary BETWEEN 5000 AND 10000;
```

使用 BETWEEN 谓词的查询结果见表 3-5。

表 3-5 使用 BETWEEN 谓词的查询结果

employee_name	email	phone_num	hire_date	salary
程擎武	chengqingwu@dameng.com	13912366391	2012-03-27	9000
金纬	jinwei@dameng.com	13612374154	2011-05-12	10000
李慧军	lihuijun@dameng.com	18712372091	2010-05-15	10000
常鹏程	changpengcheng@dameng.com	18912366321	2011-08-06	5000
⋮	⋮	⋮	⋮	⋮

3）使用 IN 谓词的查询

谓词 IN 用来确定查询的集合，查找属性值属于指定集合的记录，与 IN 相对的谓词是 NOT IN，其用来查找属性值不属于指定集合的记录。

例 3-4 查询职务为"总经理"（job_id＝11）、"总经理助理"（job_id＝12）、"秘书"（job_id＝13）的员工信息，查询语句如下：

```
SELECT employee_name, email, phone_num, hire_date, salary
FROM employee
WHERE job_id IN('11','12','13');
```

4）使用 LIKE 谓词的查询

谓词 LIKE 可用来进行字符串匹配的查询。其一般语法格式为：

列名称〔NOT〕LIKE 匹配字符串

其含义是查找指定的属性列值与匹配字符串相匹配的记录。

匹配字符串可以是一个完整的字符串，也可以含有通配符％和_，其中：

（1）％（百分号）代表任意长度（可以为零）的字符串，例如，a％b 表示以 a 开头、以 b 结尾的任意长度的字符串，acb、addgb、ab 等都满足该匹配字符串；

（2）_（下横线）代表任意单个字符，例如，a_b 表示以 a 开头、以 b 结尾的长度为 3 的任意字符串，acb、afb 等都满足该匹配字符串。

如果用户要查询的字符串本身就含有％或_，需要用换码字符对通配符进行转义，这时需要用到 escape 关键字。其一般语法格式为：

列名称〔NOT〕　LIKE 字符串表达式　ESCAPE　换码字符

例 3-5　查询姓刘的员工信息，查询语句如下：

```
SELECT employee_name, email, phone_num, hire_date, salary
FROM employee
WHERE employee_name LIKE '刘％';
```

例 3-6　从课程表（KCB）中查询以"DB_"开头，且倒数第 2 个字符为 g 的课程的详细情况，查询语句如下：

```
SELECT   *    FROM  KCB
WHERE  KCM  LIKE  'DB\_% g_'  escape  '\';
```

本例中第 1 个_字符前面有换码字符\,故它被转义为普通的_字符,而第 2 个_字符前面没有换码字符\,故它仍作为通配符。

5) 使用 NULL 谓词的查询

对于涉及空值的查询用运算符 NULL 来判断。其一般语法格式为:

```
列名称   IS [NOT] NULL
```

注意:这里的 IS 不能用等号(=)代替。

例 3-7   查询电话号码为空的员工信息,查询语句如下:

```
SELECT employee_name, email, phone_num, hire_date, salary
FROM employee
WHERE phone_num IS NULL;
```

6) 使用逻辑运算符的查询

在条件查询时,可用逻辑运算符 NOT 查询不满足条件时的结果。若要在条件子语句中把两个或多个条件结合起来,需要用到逻辑运算符 AND 和 OR。

如果第一个条件和第二个条件都成立,则用运算符 AND 连接。

如果第一个条件和第二个条件中只要有一个成立,则用运算符 OR 连接。

例 3-8   查询职务为"总经理助理"(职务 ID 为"12")并且工资在 5000 元至 10000 元的员工信息,查询语句如下:

```
SELECT employee_name, email, phone_num, hire_date, salary
FROM employee
WHERE job_id= '12' AND salary BETWEEN 5000 AND 10000;
```

例 3-9　查询职务为"总经理助理"(职务 ID 为"12")或者工资在 5000 元至 10000 元的员工信息,查询语句如下:

```
SELECT employee_name, email, phone_num, hire_date, salary
FROM employee
WHERE job_id= '12' OR salary BETWEEN 5000 AND 10000;
```

3. 列运算查询

对于数值型的列,SQL 标准提供了几种基本的算术运算符来查询数据。常用的有:+(加)、-(减)、*(乘)、/(除)。

例 3-10　单位计划给每名员工涨 10% 的工资,请查询涨工资后的员工信息,查询语句如下:

```
SELECT employee_name, email, phone_num, hire_date, salary* 1.1
FROM employee;
```

例 3-11　单位计划给每名员工涨 500 元的工资,请查询涨工资后的员工信息,查询语句如下:

```
SELECT employee_name, email, phone_num, hire_date, salary+ 500
FROM employee;
```

4. 函数查询

为了进一步方便用户的使用,提高查询能力,不同的数据库都会提供多种内部函数(又称为库函数)。所谓函数查询,顾名思义,就是在 SELECT 的查询过程中,使用函数检索列和条件中的数据集合。达梦数据库的库函数又可以划分为两大类,即多行函数和单行函数。

1) 多行函数

多行函数最直观的解释是:多行函数输入多行,处理的对象多属于集合,故又称为集合函数。它可出现在 SELECT 列表、ORDER BY 和 HAVING 子句中,通常都可用 DISTINCT 过滤掉重复的记录,默认或用 ALL 来表示取全部记录。常用多行函数见表 3-6。

表 3-6　常用多行函数

函　数　名	描　　　述
DISTINCT 列名称	在指定的列上查询表中不同的值
COUNT(＊)	统计记录个数
COUNT(列名称)	统计一列中值的个数
SUM(列名称)	计算一列值的总和(此列必须是数值型)
AVG(列名称)	计算一列值的平均值(此列必须是数值型)
MAX(列名称)	求一列值中的最大值
MIN(列名称)	求一列值中的最小值

(1) 求最大值、最小值函数。

格式:MAX([DISTINCT| ALL] column);MIN([DISTINCT| ALL] column)。

功能:返回指定列中的最大值或最小值,通常用在 WHERE 子句中,DISTINCT 表示除去重复记录,ALL 表示所有记录,默认就是所有记录。

(2) 求记录数量函数。

格式:COUNT({＊ |[DISTINCT | ALL] column})。

功能:计算记录或某列的个数,函数必须指定列名或用"＊",其他参数同上。

(3) 求和函数。

格式:SUM([DISTINCT | ALL] column)。

功能:计算指定列的数值和,如果不分组,则把整个表当作一个组来计算。

(4) 求平均值函数。

格式:AVG([DISTINCT | ALL] column)。

功能：计算指定列的平均值，即某组的平均值，如果不分组，则把整个表当作一个组来计算，DISTINCT 或 ALL 参数对这个函数有明显的影响。

例 3-12 查询单位里最高月工资是多少，查询语句如下：

```
SELECT MAX(salary)
FROM employee;
```

例 3-13 查询单位每月的工资支出是多少，查询语句如下：

```
SELECT SUM(salary)
FROM employee;
```

2）单行函数

单行函数，顾名思义，就是指该函数输入一行，输出一行。单行函数通常分为五种类型：字符函数、数值函数、日期函数、转换函数和通用函数。

单行函数的主要特征有：单行函数对单行操作；每行返回一个结果；有可能返回值与原参数数据类型不一致（转换函数）；单行函数可以写在 SELECT、WHERE、ORDER BY 子句中；有些函数没有参数，有些函数包括一个或多个参数；函数可以嵌套。

（1）字符函数。

字符函数的参数为字符类型的列，并且返回字符或数字类型的值，具有对字符串进行查找、替换、定位、转换和处理等功能，主要字符函数见表 3-7。

表 3-7 主要字符函数

函 数 名	描 述
CHAR(n)/CHR(n)	ASCII 码与字符转换函数，把给定的 ASCII 码转换为字符串
ASCII(char)	返回 char 对应的 ASCII 的编码
CHAR _ LENGTH （char）// CHARACTER_LENGTH(char)	返回字符串的长度

函　数　名	描　　述
CONCAT（char1，char2，char3，…）	返回多个字符串连接起来的字符，与‖相同
INITCAP(char)	将字符串中每个单词的首字母大写
LEFT／LEFTSTR(char,n)	返回 char 从左数起 n 个字符串
LEN(char)	返回 char 的长度，不包括尾部的空字符串
LENGTH(char)	返回 char 的长度，包含尾部的空字符串
REPLACE(str1,str2,str3)	从 str1 找出 str2 的字符串，用 str3 代替，如果 str3 为空，那么删除 str1 中 str2 字符串
RIGHT（char,n）／RIGHTSTR（char,n）	返回字符串最右边 n 个字符组成的字符串
RTRIM(char1,set)	将 char1 含有 set 的字符串删除，当遇到不在 set 中的第一个字符时结果被返回。set 缺省为空格
SUBSTR(char[,m[,n]])／SUBSTRING(char[from m [for n]])	返回 char 中从字符位置 m 开始的 n 个字符。若 m 为 0，则把 m 当作 1。若 m 为正数，则返回的字符串是从左边到右边计算的；反之，返回的字符串是从 char 的结尾向左边计算的。如果没有给出 n，则返回 char 中从字符位置 m 开始的后续子串。如果 n 小于 0，则返回 NULL。如果 m 和 n 都没有给出，返回 char。函数以字符作为计算单位，一个西文字符和一个汉字都作为一个字符计算
SUBSTRB(string,m,n)	返回 char 中从第 m 字节位置开始的 n 个字节长度的字符串。若 m 为 0，则把 m 当作 1。若 m 为正数，则返回的字符串是从左边到右边计算的；若 m 为负数，返回的字符串是从 char 的结尾向左边计算的。若 m 大于字符串的长度，则返回空串。如果没有 n，则缺省的长度为整个字符串的长度。如果 n 小于 1，则返回 NULL
TRIM([LEADING|TRAILING|BOTH] [char1] FROM char2])	TRIM 从 char2 的首端（LEADING）或末端（TRAILING）或两端（BOTH）删除 char1 字符，如果任何一个变量是 NULL，则返回 NULL。默认的修剪方向为 BOTH，默认的修剪字符为空格
TRANSLATE(str1,str2,str3)	从 str1 中找到 str2，用 str3 里的字符代替

例 3-14 查询员工姓名长度为 3 的员工信息,查询语句如下:

```
SELECT employee_name, email, phone_num, hire_date, salary
FROM employee
WHERE LENGTH(employee_name)= 3;
```

例 3-15 查询员工信息,将姓名与电子邮箱合并为一列,查询语句如下:

```
SELECT CONCAT(employee_name, email), phone_num, hire_date, salary
FROM employee;
```

或

```
SELECT employee_name||email, phone_num, hire_date, salary
FROM employee;
```

例 3-16 查询员工信息,并显示每名员工电话号码的前三位,查询语句如下:

```
SELECT employee_name, email , phone_num, hire_date, salary, SUBSTR(phone_
num,1,3)
FROM employee;
```

(2) 数值函数。

数值函数可以输入数字(如果是字符串,DM 自动转换为数字),返回一个数值。其精度由 DM 的数据类型决定,常用数值函数见表 3-8。

表 3-8 常用数值函数

函 数 名	描 述
ABS(n)	取绝对值
SIGN(n)	取符号函数,正数返回 1,负数返回-1,0 返回 0

续表

函 数 名	描 述
MOD(n2,n1)	取余,n2 为被除数,n1 为除数
ROUND(n)	取整,四舍五入
TRUNC(n)	取整,截去小数位

（3）日期函数。

日期函数主要处理日期、时间类型的数据,返回日期或数字类型的数据。日期运算比较特殊,这里先做个说明:

① 在 DATE 和 TIMESTAMP（会被转化为 DATE 类型值）类型上加减 NUMBER 类型常量,该常量单位为天数;

② 如果需要加减相应年、月、小时或分钟,可以使用 n * 365、n * 30、n/24 或 n/1440 来实现,利用这一特点,可以对日期顺利进行年、月、日、时、分、秒的加减;

③ 日期类型的列或表达式之间可以进行减操作,功能是计算两个日期之间间隔了多少天。

常用日期函数见表 3-9。

表 3-9　常用日期函数

函 数 名	描 述
SYSDATE()	返回服务器系统当前时间
CURDATE()/CURRENT_DATE()	返回当前会话的日期
CURTIME()/ CURRENT_TIME/LOCALTIME(n)	返回当前会话的时间
CURRENT_TIMESTAMP(n)	返回当前带会话时区的时间戳,结果类型为 TIMESTAMP WITH TIME ZONE。参数 n:指定毫秒的精度。取值范围 0~6,默认为 6
DAYNAME(date)	返回日期对应星期几
DAYOFMONTH(date)	返回日期是当月的第几天
DAYOFWEEK(date)	返回日期是当前周第几天
DAYOFYEAR(date)	返回日期是当年第几天
DAYS_BETWEEN(dt1,dt2)	返回两个日期之间相差天数

续表

函 数 名	描 述
EXTRACT(dtfield FROM date)	EXTRACT 从日期时间类型或时间间隔类型的参数 date 中抽取 dtfield 对应的数值,并返回一个数字值。如果 date 是 NULL,则返回 NULL。dtfield 可以是 YEAR、MONTH、DAY、HOUR、MINUTE、SECOND。对于 SECOND 之外的任何域,函数返回整数,对于 SECOND,返回小数
ADD_MONTHS(date,n)	返回日期 date 加上 n 个月的日期时间值。n 可以是任意整数,date 是日期类型(DATE)或时间戳类型(TIMESTAMP),返回类型固定为日期类型(DATE)。如果相加之后的结果日期中月份所包含的天数比 date 日期中的日分量少,那么结果日期中该月最后一天被返回
ADD_WEEKS(date,n)	返回日期 date 加上相应星期数 n 后的日期值。n 可以是任意整数,date 是日期类型(DATE)或时间戳类型(TIMESTAMP),返回类型固定为日期类型(DATE)
ADD_DAYS(data,n)	返回日期 date 加上相应天数 n 后的日期值。n 可以是任意整数,date 是日期类型(DATE)或时间戳类型(TIMESTAMP),返回值为日期类型(DATE)
LAST_DAY(date)	返回指定月份最后一天函数
NEXT_DAY(date,string)	返回在日期 date 之后满足由 char 给出的条件的第一天。char 指定了一周中的某一天(星期几),返回值的时间分量与 date 相同
MONTHS_BETWEEN(date1,date2)	返回日期 date1 和 date2 之间的月份数。如果 date1 比 date2 晚,返回正值,否则返回负值。如果 date1 和 date2 这两个日期为同一天,或者都是所在月的最后一天,则返回整数,否则返回值带有小数。date1 和 date2 是日期类型(DATE)或时间戳类型(TIMESTAMP)

函　数　名	描　　述
WEEKS_BETWEEN(date1,date2)	返回两个日期之间相差周数
YEARS_BETWEEN(date1,date2)	返回两个日期之间相差年数
ROUND(date[,fmt]); TRUNK(date[,fmt])	类似于数值函数的作用,fmt 指定取整的形式,fmt 有 year、month、day,缺省将被处理到 date 最近的一天
TO_DATE(char［,fmt])/TO_TIMESTAMP(char［,fmt])	将 CHAR 或者 VARCHAR 类型的值转换为 DATE/TIMESTAMP 数据类型
TO_CHAR(date[,fmt])	将日期数据类型 DATE 转换为一个在日期语法 fmt 中指定语法的 VARCHAR 类型字符串

例 3-17　查询员工入职日期的年、月、日信息,查询语句如下:

```
SELECT employee_name, EXTRACT(YEAR FROM hire_date),EXTRACT(MONTH FROM
hire_date),EXTRACT(DAY FROM hire_date)
    FROM employee
```

例 3-18　获取服务器当前的时间,查询语句如下:

```
SELECT SYSDATE();
```

例 3-19　获取 2020 年 2 月最后一天的日期,查询语句如下:

```
SELECT LAST_DAY('2020-02-01');
```

(4)转换函数。

转换函数可以完成不同数据类型之间的转换功能,常用转换函数见表 3-10。

表 3-10　常用转换函数

函　数　名	描　　述
ASCIISTR(string)	可以将任意字符集的 string 字符串转换为数据库字符集对应的 ASCII 字符串

续表

函 数 名	描 述
BIN _ TO _ NUMBER（data [,data]）	二进制转十进制函数
TO _ CHAR（number [，fmt [,nlsparam]]）	按照 fmt 格式和 nlsparam 指定的 fmt 语言特征将数字转换为字符
TO _ NUMBER（string [，fmt [,nlsparam]]）	按照 fmt 格式和 nlsparam 指定的 fmt 语言特征将字符转换为数字
TO _ CHAR（date [，fmt [,nlsparam]]）	按照 fmt 格式和 nlsparam 指定的 fmt 语言特征将日期转换为字符
TO _ DATE（string [，fmt [,nlsparam]]）	按照 fmt 格式和 nlsparam 指定的 fmt 语言特征将字符转换为日期
CAST（expr AS type_name）	将表达式 expr 的数据类型强制转换为 type_name 指定的类型
TO_SINGLE_BYTE(string)	将字符串 string 中所有的全角字符转换为半角字符
TO_MULTI_BYTE(string)	将字符串 string 中所有的半角字符转换为全角字符

例 3-20 查询员工信息，使入职日期的显示格式为"yyyy. mm. dd"，查询语句如下：

```
    SELECT employee_name, email , phone_num, TO_CHAR(hire_date,'yyyy.mm.
dd'),salary
    FROM employee;
```

5. 别名查询

在 SQL 语句中，可以将表名及列（字段）名指定为别名（alias）。使用别名通常有两个作用：一是缩短对象的长度，方便书写，使 SQL 语句简洁；二是区别同名对象，如自连接查询，同一个表连接查询自身，就需要用别名区分表名和列名。

1）列别名

在需要查询输出的列名与基表中列名不一致时,可以根据应用需求,用"列名 AS 新名"形式来完成该操作,AS 可以省略。

例 3-21 查询员工信息,查询语句如下:

```
SELECT  employee_name AS 姓名, email AS 电子邮箱, phone_num AS 电话号码, hire
_date AS 入职日期, salary AS 工资
FROM employee;
```

2）表别名

有时,一个表在查询语句中被多次调用时,为了区别不同的调用,应用"表名 新表名"形式给每次使用相同的表起不同的表名。

例 3-22 查询员工信息,查询语句如下:

```
SELECT T.employee_name, T.email , T.phone_num,T. hire_date, T.salary
FROM employee T;
```

3.2.2　连接查询

数据库中各个表存储着不同数据,用户往往需要用多个表中的数据来组合、提炼所需的信息。如果一个查询需要对多个表进行操作,则称为连接查询。连接查询实际上就是通过各个表之间共同列的关联性来查询数据的,它是关系数据库查询最主要的特征。

连接方式有笛卡儿积(交叉连接)、内连接、外连接等。

1. 笛卡儿积查询

笛卡儿积是指在数学中,两个集合 X 和 Y 的笛卡儿积(Cartesian product),又称

为直积,表示为 $X \times Y$,第一个对象是 X 的成员,而第二个对象是 Y 的所有可能有序对的其中一个成员。

笛卡儿积又称为笛卡儿乘积,是一个叫笛卡儿的人提出来的,简单地说,就是两个集合相乘的结果。

假设集合 $A=\{a, b\}$,集合 $B=\{0, 1, 2\}$,则两个集合的笛卡儿积为$\{(a, 0), (a, 1), (a, 2), (b, 0), (b, 1), (b, 2)\}$。

例 3-23　student 表结构见表 3-11,subject 表结构见表 3-12,对这两张表进行笛卡儿积查询,查询语句如下:

```
SELECT T1.* ,T2.*
FROM student T1, subject T2
```

笛卡儿积查询结果见表 3-13。

表 3-11　student 表结构

studentNo	studentName
01	张三
02	李四

表 3-12　subject 表结构

subjectNo	subjectName
01	语文
02	数学

表 3-13　笛卡儿积查询结果

studentNo	studentName	subjectNo	subjectName
01	张三	01	语文
01	张三	02	数学
02	李四	01	语文
02	李四	02	数学

2. 内连接查询

所谓内连接就是返回结果集仅包含满足全部连接条件记录的多表连接方式。其一般语法格式为：

> SELECT 列名称　FROM 表名　INNER JOIN 连接表名　ON〔连接条件〕…

连接查询中用来连接两个表的条件称为连接条件或连接谓词，连接条件的一般格式为：

> 表名 1.列名 1 ＝ 表名 2.列名 2

说明：

① 表之间通过 INNER JOIN 关键字查连接，ON 是两表之间关联条件，通常是不可或缺的，INNER 可省略；

② 为了简化 SQL 书写，可为表名定义别名，格式为 FROM ＜表名＞＜别名＞，如 FROM emp e，dept d，表别名不支持 AS 用法，使用表别名可以简化查询；

③ 进行有效的多表查询时，在查询的列名前加表名或表别名前辍（如果字段在多个表中是唯一的，可以不加），建议使用表别名前缀，使用表别名前缀可以提高查询性能。

例 3-24　查询员工信息，要求显示员工所属部门名称，查询语句如下：

```
    SELECT T2.department_name, T1.employee_name, T1.email , T1.phone_num,T1.
hire_date, T1.salary
    FROM employee T1 INNER JOIN department T2   ON T1.department_id = T2.
department_id;
```

在达梦数据库中，内连接等价于：

```
    SELECT T2.department_name, T1.employee_name, T1.email , T1.phone_num,T1.
hire_date, T1.salary
    FROM employee T1,department T2 WHERE T1.department_id= T2.department_
id;
```

3. 外连接查询

所谓外连接就是除了返回满足连接条件的数据以外,还返回左、右或两表中不满足条件的数据的一种多表连接方式,因此,它又分为左连接、右连接和全连接三种。其一般语法格式为:

```
    SELECT 列名称 FROM 表名 [LEFT|RIGHT|FULL] OUTER JOIN 连接表名  ON [连接条件]…
```

说明:

(1) LEFT OUTER JOIN:左外连接,是除了返回符合条件的行,还要从 ON 语句的左表里选出不匹配的行;

(2) RIGHT OUTER JOIN:右外连接,是除了返回符合条件的行,还要从 ON 语句的右表里选出不匹配的行;

(3) FULL OUTER JOIN:全外连接,是除了返回符合条件的行,还要从 ON 语句的两表中选出不匹配的行;

(4) OUTER 可省略。

例 3-25 使用左连接查询所有岗位的员工信息,查询语句如下:

```
    SELECT T2.job_id, T2.job_title, T1.employee_name, T1.email , T1.phone_
num,T1.hire_date, T1.salary
    FROM job T2
    LEFT OUTER JOIN employee T1 ON T1.job_id= T2.job_id;
```

此语句使用了左连接,查询结果包含有员工的岗位信息和没有员工的岗位信息(部分员工信息为空)。在达梦数据库中,左连接的另一种写法是:

```
SELECT T2.job_id, T2.job_title, T1.employee_name, T1.email , T1.phone_
num,T1.hire_date, T1.salary
FROM job T2 ,employee T1 WHERE T2.job_id= T1.job_id(+);
```

例 3-26 使用右连接查询所有岗位的员工信息,查询语句如下:

```
SELECT T2.job_id, T2.job_title, T1.employee_name, T1.email , T1.phone_
num,T1.hire_date, T1.salary
FROM employee T1
RIGHT OUTER JOIN job T2 ON T1.job_id= T2.job_id;
```

此语句使用了右连接,查询结果与例 3-25 的一致,说明左连接与右连接都是相对的。

例 3-27 查询所有岗位的员工信息,查询语句如下:

```
SELECT T2.job_id, T2.job_title, T1.employee_name, T1.email , T1.phone_
num,T1.hire_date, T1.salary
FROM job T2
FULL OUTER JOIN employee T1 ON T1.job_id= T2.job_id;
```

此语句使用了全连接,既包含没有岗位的员工信息,又包含没有员工的岗位信息。

3.2.3 分组排序

1. 排序子句

排序子句使用 ORDER BY 子句对查询结果进行排序。如果没有指定查询结果的显示顺序,数据库管理系统将按其最方便的顺序(通常是记录在表中的先后顺序)输出查询结果。用户也可以用 ORDER BY 子句指定按照一个或多个属性列的升序(ASC)或降序(DESC)重新排列查询结果,其中 ASC 为缺省值。其一般语法格式为:

```
SELECT 列名称 FROM 表名称  ORDER BY 列名称  [ASC | DESC][NULLS FIRST|LAST],{
列名称  [ASC | DESC][NULLS FIRST|LAST]}
```

例 3-28　查询员工信息,要求按工资降序显示,查询语句如下:

```
SELECT employee_name, email, phone_num, hire_date, salary
FROM employee
ORDER BY salary DESC;
```

2. 分组子句

分组子句使用 GROUP BY 子句对查询结果进行分组。GROUP BY 子句是SELECT 语句的可选项部分,它定义了分组表。GROUP BY 子句定义了分组表:行组的集合,其中每一个组由其中所有分组列的值都相等的行构成。

GROUP BY 子句将查询结果表按某一列或多列值分组,值相等的为一组。其一般语法格式为:

```
SELECT 列名称 FROM 表名称 GROUP  BY 列名称
```

例 3-29　从员工表中,查询统计各部门员工的数量,查询语句如下:

```
SELECT b.department_name, COUNT(a.employee_name) as sl
FROM employee a,department b
WHERE a.department_id= b.department_id
GROUP BY department_name;
```

3. HAVING 子句

HAVING 子句是 SELECT 语句的可选项部分，它定义了一个成组表。其基本语法如下：

```
SELECT < 选择列表>
FROM [< 模式名> .]< 基表名> | < 视图名> [< 相关名>]
< HAVING 子句> ::= HAVING < 搜索条件>
< 搜索条件> ::= < 表达式>
```

其中只含有搜索条件为 TRUE 的那些组，且通常跟随一个 GROUP BY 子句。HAVING 子句与组的关系正如 WHERE 子句与表中行的关系。

WHERE 子句用于选择表中满足条件的行，而 HAVING 子句用于选择满足条件的组。

例 3-30 从员工表中，查询员工数量小于 100 的部门，查询语句如下：

```
SELECT b.department_name, COUNT(a.employee_name) as sl
FROM employee a,department b
WHERE a.department_id= b.department_id
GROUP BY department_name
HAVING COUNT(a.employee_name)< 100;
```

4. TOP 子句

TOP 子句用于规定要返回的记录的数目。对于拥有数千条记录的大型表来说，TOP 子句是非常有用的。

```
SELECT TOP number|percent < 列名>
FROM 表名;
```

例 3-31 查询员工表中前 10 条记录,查询语句如下:

```
SELECT TOP 10 *
FROM employee;
```

例 3-32 查询员工表中前 1‰条记录,查询语句如下:

```
SELECT TOP 1 PERCENT *
FROM employee;
```

3.2.4 子查询

当一个查询的结果是另一个查询的条件时,该查询称为子查询,子查询就是将一个 SELECT 语句嵌入另一个 SELECT 语句的子句中,一般称为嵌套 SELECT 语句、子 SELECT 语句或内部 SELECT 语句。在许多 SQL 子句中可以使用子查询,其中包括以下子句:FROM、WHERE、HAVING。通常先执行子查询,再使用其输出结果来完善父查询(即外层查询)。

FROM 中使用子查询,其一般语法格式为:

```
SELECT 列名称  FROM  (SELECT 语句)
```

WHERE、HAVING 中使用子查询,其一般语法格式为:

```
SELECT 列名称 FROM 表名称  WHERE[HAVING] <列名称> <运算符> (SELECT 语句)
```

说明:

(1) 上述内容仅仅给出了一个不太严格的示意性格式,使用子查询需要圆括号()括起来;

(2) 子查询里既可以使用其他的表,又可以使用与主查询相同的表;

(3) 格式中的<SELECT 语句>里还可以嵌套子查询;

(4)子查询在父查询之前一次执行完成,子查询的结果被父查询使用;

(5)子查询参与条件比较运算时,只能放在比较条件的右侧;

(6)<运算符>是比较条件运算符,根据<(SELECT 语句)>结果的类型,子查询又可分为单行子查询与多行子查询。单行子查询里<(SELECT 语句)>被当作一个表达式参与运算;多行子查询里<(SELECT 语句)>被当作一个集合参与运算。

在子查询中通常可以使用 IN、ANY、SOME、ALL、EXISTS 关键字。

1. 使用 IN 关键字子查询

IN 运算符可以测试表达式的值是否与子查询返回的某一个值相等。

例 3-33 查询有员工工资超过 20000 元的部门,查询语句如下:

```
SELECT  *  FROM  department
WHERE department_id IN
(SELECT department_id FROM employee WHERE salary > 20000);
```

本例中,下层查询块(左、右括号内的内容)是嵌套在上层查询块的 WHERE 条件中的。上层查询块称为外层查询或父查询,下层查询块称为内层查询或子查询。SQL 语言允许多层嵌套查询,即一个子查询中还可以嵌套其他子查询。

需要特别指出的是,子查询的 SELECT 语句中不能使用 ORDER BY 子句,ORDER BY 子句只能对最终查询结果排序。

子查询一般的求解方法是由里向外处理,即先执行子查询再执行父查询,子查询的结果用于建立其父查询的查找条件。

2. 使用 ANY、SOME、ALL 关键字子查询

子查询返回单值时可以使用比较运算符,使用 ANY、SOME、ALL 关键字时则必须同时使用比较运算符,其中 SOME 是与 ANY 等效的 SQL-92 标准,其语义见表 3-14。

表 3-14　ANY 或 ALL 比较运算符含义

比 较 运 算	描　　　述
＞ANY	大于子查询结果中的某个值
＞ALL	大于子查询结果中的所有值
＜ANY	小于子查询结果中的某个值
＜ALL	小于子查询结果中的所有值
＞＝ANY	大于等于子查询结果中的某个值
＞＝ALL	大于等于子查询结果中的所有值
＜＝ANY	小于等于子查询结果中的某个值
＜＝ALL	小于等于子查询结果中的所有值
＝ANY	等于子查询结果中的某个值
＝ALL	等于子查询结果中的所有值(通常没有实际意义)
!(或＜＞)ANY	不等于子查询结果中的某个值
!(或＜＞)ALL	不等于子查询结果中的任何一个值

例 3-34　查询总经理岗位(岗位 ID 为"11")中工资比项目经理岗位(岗位 ID 为"32")工资都要高的员工信息,查询语句如下:

```
SELECT *   FROM  employee
WHERE JOB_id= '11' AND salary> ALL
(SELECT salary FROM employee WHERE JOB_id= '32');
```

3. 使用 EXISTS 关键字子查询

带有 EXISTS 谓词的子查询不返回任何数据,只产生逻辑真值"true"(当子查询结果非空,至少有一行)或逻辑假值"false"(当子查询结果为空,一行也没有)。

例 3-35　查询有员工工资超过 20000 元的部门,查询语句如下:

```
SELECT  *   FROM  department t1
WHERE EXISTS
(SELECT *  FROM employee t2 WHERE t2.salary > 20000 AND t1.department_id
= t2.department_id);
```

例 3-33 中 SQL 的查询结果与 EXISTS 的结果一样,查询的意思也一样。但 EXISTS 关键字比 IN 关键字的运算效率高,所以,在实际开发中,特别是数据量大时,推荐使用 EXISTS 关键字。

对于由 EXISTS 引出的子查询,其目标列表达式通常都用 *,因为带 EXISTS 的子查询只返回真值或假值,给出列名无实际意义。

3.2.5 表数据操作

数据操作是数据库管理系统的基本功能,包括数据的插入、修改和删除等。在实际应用中,多个应用程序会并发操作数据库,导致数据库出现数据不一致和并发操作问题,DM 利用事务和封锁机制实现数据并发存取和数据完整性。

使用 SQL 语句进行表数据操作后,需要执行提交操作。

1. 插入表数据

数据插入语句用于向已定义好的表中插入单个或成批的数据。INSERT 语句有两种形式:一种形式是值插入,即构造一行或者多行,并将它们插入表中;另一种形式为查询插入,即通过返回一个查询结果集来构造要插入表的一行或多行。

1) 值插入

单行或多行数据插入语句格式如下:

```
INSERT INTO < 表名> [(< 列名> {,< 列名> })]
VALUES(< 插入值> {,< 插入值> });|(< 插入值> {,< 插入值> }){, (< 插入值> {,
< 插入值> })};
```

（1）＜列名＞指明表或视图的列的名称。在插入的记录中，列表中的每一列都被 VALUES 子句或查询说明赋一个值。如果在此列表中省略了表的一个列名，则 DM 将先前定义好的默认值插入这一列中。如果此列表被省略，则在 VALUES 子句和查询中必须为表中的所有列指定值。

（2）＜插入值＞指明在列表中对应的列的插入的列值，如果列表被省略了，插入的列值按照基表中列的定义顺序排列。

（3）当插入大数据文件时，启用@；同时对应的＜插入值＞格式为@′path′。

例 3-36　单位新成立了一个部门"大数据事业部"，在部门表（department）中添加该单位（部门 ID 为"909"），插入语句如下：

```
INSERT INTO department(department_id,department_name)
VALUES('909', '大数据事业部');
COMMIT;
```

例 3-37　单位新成立了两个部门，分别是"数据分析事业部"（部门 ID 为"991"）和"人工智能事业部"（部门 ID 为"992"），将这两个部门添加到部门表中，插入语句如下：

```
INSERT INTO department(department_id,department_name)
VALUES('990', '数据分析事业部'), ('991', '人工智能事业部');
COMMIT;
```

2）查询插入

查询语句插入数据格式如下：

```
INSERT INTO < 目标表名 > [(< 列名 > {,< 列名 > })]
SELECT < 列名 > {,< 列名 > }  FROM 源数据表名 [WHERE 条件]
```

例 3-38　有一张新表"老员工表（oldemployee）"，表字段有员工 ID（employee_id）、所属部门（department_name）、入职日期（hire_date）、工资（salary），要求将入职日期早

于"2009-01-01"的员工数据插入该表中,插入语句如下:

```
INSERT INTO oldemployee(employee_id,department_name,hire_date,salary)
SELECT a.employee_id,b.department_name,a.hire_date,a.salary
FROM employee a,department b
WHERE a.department_id= b.department_id AND a.hire_date<TO_DATE
('2009- 01- 01','YYYY- MM- DD');
COMMIT;
```

2. 修改表数据

数据修改语句用于修改表中已存在的数据。数据修改语句的语法格式如下:

```
UPDATE <表名>
SET< 列名> = <值表达式> |DEFAULT> {,< 列名> = <值表达式> |DEFAULT> }
[WHERE < 条件表达式> ];
```

(1)<表名>指明被修改数据的表的名称。

(2)<列名>指明表或视图中被更新列的名称,如果 SET 子句中省略列的名称,列的值保持不变。

(3)<值表达式>指明赋予相应列的新值。

(4)<条件表达式>指明限制被更新的行必须符合指定的条件,如果省略此子句,则修改表中所有的行。

例 3-39 单位给所有员工的工资涨了 10%,请更新员工信息表,修改语句如下:

```
UPDATE employee
SET salary= salary* (1.1);
COMMIT;
```

3. 删除表数据

数据删除语句用于修改表中已存在的数据。删除语句只删除表中的数据,并不会删除表本身,另外如果表中的记录被引用,则需要先删除引用表中的数据。数据删除语句的语法格式如下:

```
DELETE FROM < 表名> ［WHERE < 条件表达式> ］
```

（1）＜表名＞指明被删除数据的表名称。

（2）＜条件表达式＞指明限制被更新的行必须符合指定的条件,如果省略此子句,则删除表中所有的行。

（3）DELETE 语句删除的是表中的数据,而不是关于表的定义。

例 3-40　删除"大数据事业部"的部门信息,查询语句如下:

```
DELETE FROM department WHERE department_name= '大数据事业部';
COMMIT;
```

任务 4　数据库安全管理

4.1　任务说明

  数据库安全的核心和关键是其数据安全。保证数据安全是指以保护措施确保数据的完整性、保密性、可用性、可控性和可审查性。由于数据库存储着大量的重要信息和机密数据，而且在数据库系统中大量数据集中存放，供多用户共享，因此，必须加强对数据库访问的控制和数据安全防护。

  数据库安全管理是指采取各种安全措施对数据库及其相关文件和数据进行保护。数据库系统的重要指标之一是确保系统安全，采取各种防范措施来防止非授权使用数据库，主要通过数据库管理系统实现。数据库系统一般采用用户标识与鉴别、存取控制及密码存储等技术进行安全控制。

  DM 安全管理是为确保存储在 DM 中的各类敏感数据的机密性、完整性和可用性的必要的技术手段，防止对这些数据的非授权泄露、修改和破坏，并保证被授权用户能按其授权范围访问所需要的数据。

  DM 作为安全数据库，提供了用户标识与鉴别、自主与强制访问控制、通信与存储加密、审计等丰富的安全功能，且各安全功能都可进行配置，满足各类型用户在安全管理方面不同层次的需求。其安全管理模块提供的功能见表 4-1。

表 4-1　达梦数据库安全管理模块提供的功能

安全管理模块功能	功能说明
用户标识与鉴别	可以通过登录账户区别各用户，并通过口令方式防止用户被冒充

续表

安全管理模块功能	功能说明
自主访问控制	通过权限管理,使用户只能访问自己权限内的数据对象
强制访问控制	通过安全标记,使用户只能访问与自己安全级别相符的数据对象
审计	审计人员可以查看所有用户的操作记录,为明确事故责任提供证据支持
通信、存储加密	用户可以自主地将数据以密文的形式存储在数据库中,也可以对在网络上传输的数据进行加密
加密引擎	用户可以用自定义的加密算法来加密自己的核心数据
资源限制	可以对网络资源和磁盘资源进行配额设置,防止恶意抢占资源
客体重用	实现了内存与磁盘空间的释放清理,防止泄露信息数据

4.2 任务实现

4.2.1 用户管理

DM 用户管理是其安全管理的核心和基础。用户是 DM 的基本访问控制机制,当连接到 DM 时,需要进行用户标识与鉴别。默认情况下连接数据库必须要提供用户名和口令,只有合法正确的用户,才能登录数据库,并且该用户在数据库中的数据访问活动也应有一定的权限和范围。

用户包括数据库的管理者和使用者,DM 通过设置用户及其安全参数来控制用户对数据库的访问和操作。

1. DM 数据库初始用户

数据库管理系统在创建数据库时会自动创建一些用户,如数据库管理员(DBA)、数据库安全员(SSO)、数据库审计员(AUDITOR)等,这些用户用于数据库的管理。

1) 数据库管理员(DBA)

每个数据库至少需要一个 DBA 来管理,DBA 可能是一个团队,也可能是一个人。在不同的数据库系统中,数据库管理员的职责可能也会有比较大的区别,总体而言,数据库管理员的职责主要包括:

(1) 评估数据库服务器所需的软、硬件运行环境;

(2) 安装和升级 DM 服务器;

(3) 设计数据库结构;

(4) 监控和优化数据库的性能;

(5) 计划和实施备份与故障恢复。

2) 数据库安全员(SSO)

部分应用对于安全性有着很高的要求,传统的由 DBA 一人拥有所有权限并且承担所有职责的安全机制可能无法满足企业的实际需求,此时数据库安全员和数据库审计员两类管理用户就显得非常重要,其对于限制和监控数据库管理员的所有行为都起着至关重要的作用。

数据库安全员的主要职责是制定并应用安全策略,强化系统安全机制。其中,数据库系统安全员(SYSSSO)用户在 DM 初始化时就已创建,该用户可以再创建新的数据库安全员。

SYSSSO 或者新的数据库安全员都可以制定自己的安全策略,在安全策略中定义安全级别、范围和组,然后基于定义的安全级别、范围和组来创建安全标记,并将安全标记分别应用到主体(用户)和客体(各种数据库对象,如表、索引等),以便启用强制访问控制功能。

数据库安全员不能对用户数据进行增、删、改、查,也不能执行普通的 DDL 操作如创建表、视图等。其只负责制定安全机制,将合适的安全标记应用到主体和客体,通过这种方式可以有效地对 DBA 的权限进行限制,DBA 此后就不能直接访问添加有安全标记的数据,除非数据库安全员给 DBA 也设定了与之匹配的安全标记,DBA 的权限受到了有效的约束。数据库安全员也可以创建和删除新的安全用户,向这些用户授予和回收与安全相关的权限。

3）数据库审计员（AUDITOR）

在 DM 中，审计员的主要职责就是创建和删除数据库审计员，设置/取消对数据库对象和操作的审计设置，查看和分析审计记录等。为了能够及时找到 DBA 或者其他用户的非法操作，在 DM 中的系统建设初期，由数据库审计员来设置审计策略（包括审计对象和操作），在需要时，数据库审计员可以查看审计记录，及时分析并得出结论。

2. 创建用户

数据库系统在运行的过程中，要根据实际需求创建用户，然后为用户指定适当的权限。创建用户的操作一般只能由系统预设用户 SYSDBA、SYSSSO 和 SYSAUDITOR 完成，普通用户如果需要创建用户，必须具有 CREATE USER 的数据库权限。

1）创建用户

创建用户所涉及的内容包括为用户指定用户名、认证模式、口令、口令策略、空间限制、只读属性及资源限制。其中用户名代表用户账号的标识符，长度为 1～128 个字符。用户名可以用双引号括起来，也可以不用，但如果用户名以数字开头，必须用双引号括起来。

例 4-1　创建用户名为 BOOKSHOP_USER、口令为 BOOKSHOP_PASSWORD 的用户。

步骤 1：启动 DM 管理工具，使用 DBA 角色的用户连接数据库，如 SYSDBA 用户。登录数据库成功后，单击"用户"，右键单击对象导航窗体中的"管理用户"，选择"新建用户"，如图 4-1 所示。

步骤 2：输入用户名和密码，如图 4-2 所示。

2）用户口令策略

用户口令最长为 48 字节，创建用户语句中的 PASSWORD POLICY 子句用来指定该用户的口令策略，系统支持的口令策略有：

图 4-1 启动 DM 管理工具

图 4-2 输入用户名和密码

(1) 0　　无策略；

(2) 1　　禁止与用户名相同；

(3) 2　　口令长度不小于 9；

(4) 4　　至少包含一个大写字母(A～Z)；

(5) 8　　至少包含一个数字(0～9)；

(6) 16　　至少包含一个标点符号(英文输入法状态下,除单引号和空格外的所有符号)。

口令策略可单独应用,也可组合应用。组合应用时,如果需要应用策略 2 和 4,则设置口令策略为 2+4=6 即可。

除了在创建用户语句中指定该用户的口令策略以外,DM 的 INI 参数 PWD_POLICY 可以指定系统的默认口令策略,其参数值的设置规则与 PASSWORD POLICY 子句一致,缺省值为 2。若在创建用户时没有使用 PASSWORD POLICY 子句指定用户的口令策略,则使用系统的默认口令策略。

系统管理员可通过查询 V＄PARAMETER 动态视图查询 PWD_POLICY 的当前值。

```
SELECT *   FROM V$PARAMETER WHERE NAME= 'PWD_POLICY';
```

系统管理员也可以使用客户端工具 Console 或调用系统过程 SP_SET_PARA_VALUE 重新设置 PWD_POLICY 的值。

3. 修改用户

在实际应用中,某些场景需要修改 DM 中用户的信息,例如,修改或重置口令、变更用户权限等,修改用户口令的操作一般由用户自己完成,SYSDBA、SYSSSO、SYSAUDITOR 可以无条件修改同类型的用户的口令。普通用户只能修改自己的口令,如果需要修改其他用户的口令,必须具有 ALTER USER 数据库权限。修改用户口令时,口令策略应符合创建该用户时指定的口令策略。

使用 ALTER USER 语句可修改用户口令、空间限制、只读属性及资源限制等。但系统固定用户的系统角色和资源限制不能被修改。

例 4-2　修改用户登录失败次数为 5。

步骤 1：启动 DM 管理工具，使用 DBA 角色的用户连接数据库，如 SYSDBA 用户。登录数据库成功后，单击"用户"，打开"管理用户"，选中用户"BOOKSHOP_USER"，右键，单击"修改"，如图 4-3 所示。

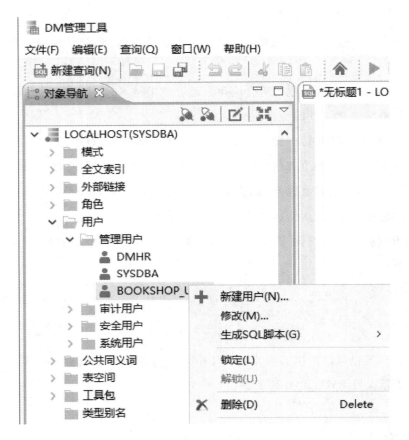

图 4-3　启动 DM 管理工具

步骤 2：单击"资源限制"，更改"登录失败次数"为 5，如图 4-4 所示。

不论 DM 的 INI 参数 DDL_AUTO_COMMIT 设置为自动提交还是非自动提交，ALTER USER 操作都会被自动提交。

4. 删除用户

当某个用户不再需要访问数据库系统时，应将这个用户及时地从数据库中删除，

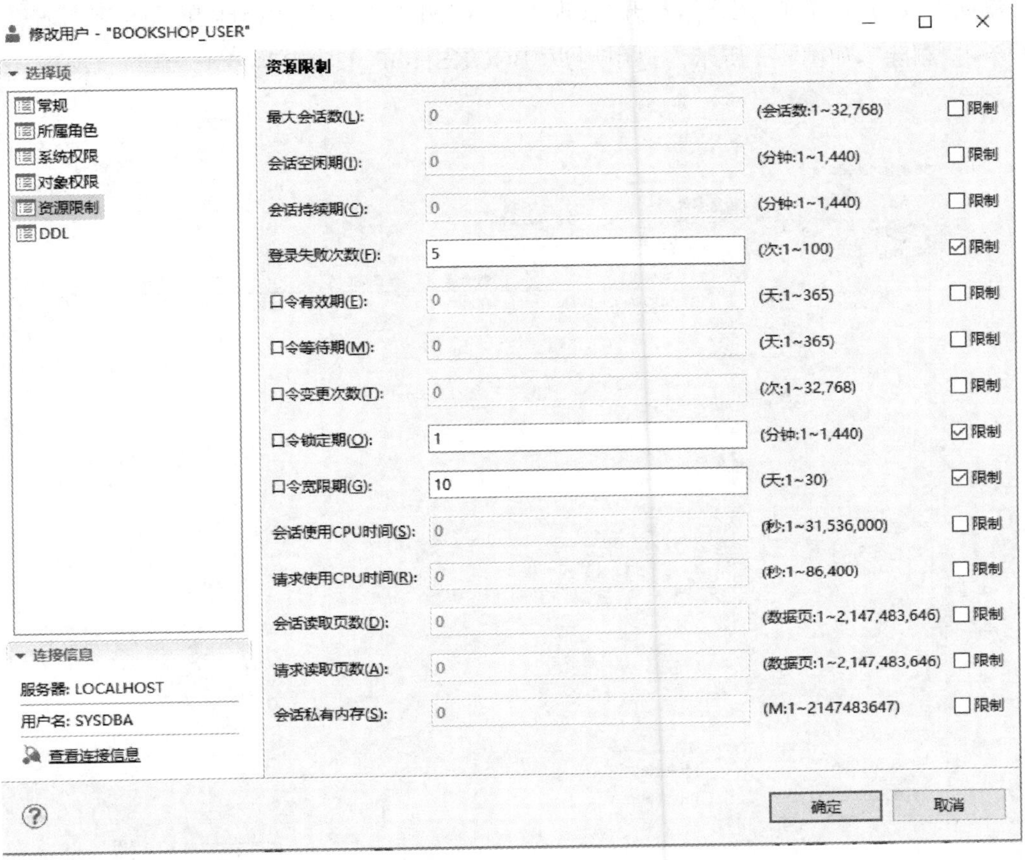

图 4-4　修改用户界面

否则可能会有安全隐患。

　　删除用户的操作一般由 SYSDBA、SYSSSO、SYSAUDITOR 完成，其可以删除同类型的其他用户。普通用户要删除其他用户，须具有 DROP USER 权限。

　　如果某用户在 DM 中创建了数据对象，那么在删除该用户时，需要选择级联删除，否则会返回错误信息。删除该用户后，该用户本身的信息，以及其所拥有的数据库对象的信息都将从数据字典中被删除。

　　如果在删除用户时选择了级联删除，除了数据库中该用户及其创建的所有对象被删除以外，若其他用户创建的对象引用了该用户的对象，DM 还将自动删除相应的引用完整性约束及依赖关系。

　　例 4-3　删除用户 BOOKSHOP_USER。

　　启动 DM 管理工具，使用 DBA 角色的用户连接数据库，如 SYSDBA 用户。登录数据库成功后，单击"用户"，打开"管理用户"，选中用户"BOOKSHOP_USER"，右键，单击"删除"，如图 4-3 所示。选中用户"BOOKSHOP_USER"，单击"删除"，如图 4-5 所示。

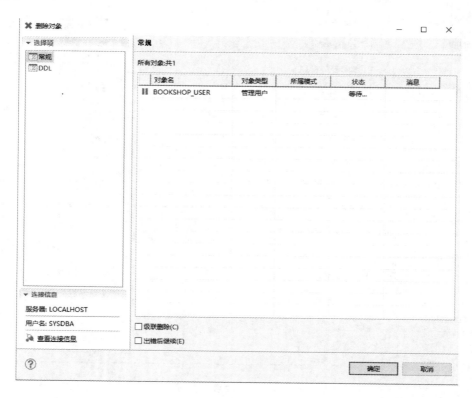

图 4-5　删除对象界面

另外，正在登录使用中的用户也可以被其他具有 DROP USER 权限的用户删除，被删除的用户继续操作或尝试重新连接数据库时会报错。

4.2.2　权限管理

数据库安全最重要的一点就是确保只授予有资格的用户访问数据库的权限，同时令所有未被授权的人员无法接近数据。正如上文提到的，创建用户需要具有 CREATE USER 权限，修改用户需要具有 ALTER USER 权限，而删除用户需要具有 DROP USER 权限。用户或角色权限的授予和删除都是通过权限管理来实现的。

1. 权限概述

用户权限有两类:数据库权限和对象权限。数据库权限主要是指对数据库对象的创建、删除、修改的权限,以及对数据库备份等权限。而对象权限主要是指对数据库对象中的数据的访问权限。数据库权限一般由 SYSDBA、SYSAUDITOR 和 SYSSSO 指定,也可以由具有特权的其他用户授予。对象权限一般由数据库对象的所有者授予用户,也可以由 SYSDBA 用户指定,或者由具有该对象权限的其他用户授予。

2. 数据库权限管理

数据库权限是与数据库安全相关的非常重要的权限,其权限范围比对象权限的范围广泛,因而一般被授予数据库管理员或者一些具有管理功能的角色。数据库权限与 DM 预定义角色有着重要的联系,一些数据库权限只集中在几个 DM 系统预定义角色中,且不能转授。DM 提供了 100 余种数据库权限,常用数据库权限见表 4-2。

表 4-2　DM 常用数据库权限

数据库权限	说　明
CREATE TABLE	在自己的模式中创建表的权限
CREATE VIEW	在自己的模式中创建视图的权限
CREATE USER	创建用户的权限
CREATE TRIGGER	在自己的模式中创建触发器的权限
ALTER USER	修改用户的权限
ALTER DATABASE	修改数据库的权限
CREATE PROCEDURE	在自己模式中创建存储程序的权限

对于不同类型的数据库对象,其相关的数据库权限也不相同。例如,对于表对象,相关的数据库权限见表 4-3。

表 4-3　DM 表对象相关的数据库权限

数据库权限	说　明
CREATE TABLE	创建表的权限

数据库权限	说　明
CREATE ANY TABLE	在任意模式下创建表的权限
ALTER ANY TABLE	修改任意表的权限
DROP ANY TABLE	删除任意表的权限
INSERT TABLE	插入表记录的权限
INSERT ANY TABLE	向任意表插入记录的权限
UPDATE TABLE	更新表记录的权限
UPDATE ANY TABLE	更新任意表记录的权限
DELETE TABLE	删除表记录的权限
DELETE ANY TABLE	删除任意表记录的权限
SELECT TABLE	查询表记录的权限
SELECT ANY TABLE	查询任意表记录的权限
REFERENCES TABLE	引用表的权限
REFERENCES ANY TABLE	引用任意表的权限
DUMP TABLE	导出表的权限
DUMP ANY TABLE	导出任意表的权限
GRANT TABLE	向其他用户进行表上权限授予的权限
GRANT ANY TABLE	向其他用户进行任意表上权限授予的权限

例如,对于存储程序对象,其相关的数据库权限见表 4-4。

表 4-4　DM 存储程序对象相关的数据库权限

数据库权限	说　明
CREATE PROCEDURE	创建存储程序的权限
CREATE ANY PROCEDURE	在任意模式下创建存储程序的权限
DROP PROCEDURE	删除存储程序的权限
DROP ANY PROCEDURE	删除任意存储程序的权限
EXECUTE PROCEDURE	执行存储程序的权限

另外,表、视图、触发器、存储程序等对象为模式对象,在默认情况下对这些对象的操作都是在当前用户自己的模式下进行的。如果要在其他用户的模式下操作这些类型的对象,需要具有相应的 ANY 权限。例如,如果希望能够在其他用户的模式下创建表,当前用户必须具有 CREATE ANY TABLE 数据库权限;如果希望能够在其他用户的模式下删除表,当前用户必须具有 DROP ANY TABLE 数据库权限。

数据库权限的管理使用 GRANT 语句授权,使用 REVOKE 语句回收已经授予的权限。

1）授予用户数据库权限

例 4-4　数据库系统管理员 SYSDBA 把建表和建视图的权限授予用户 BOOKSHOP_USER,并允许其转授。

启动 DM 管理工具,使用 DBA 角色的用户连接数据库,如 SYSDBA 用户。登录数据库成功后,单击"用户",打开"管理用户",选中用户"BOOKSHOP_USER",右键,单击"修改",如图 4-3 所示。选择系统权限,将权限 CREATE TABLE、CREATE VIEW 的"授予"和"转授"选中,如图 4-6 所示。

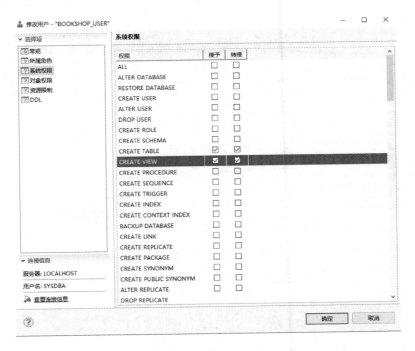

图 4-6　修改用户界面 1

2）收回指定用户的数据库权限

权限回收者必须是具有回收相应数据库权限及转授权限的用户；ADMIN OPTION FOR 选项的意义是取消用户或角色的转授权限，但是权限不回收。

例 4-5 数据库系统管理员 SYSDBA 收回用户 BOOKSHOP_USER 建表的权限及转授 CREATE VIEW 权限。

启动 DM 管理工具，使用 DBA 角色的用户连接数据库，如 SYSDBA 用户。登录数据库成功后，单击"用户"，打开"管理用户"，选中用户"BOOKSHOP_USER"，右键，单击"修改"。选择系统权限，将权限 CREATE TABLE"授予"去掉，将权限 CREATE VIEW"转授"去掉，如图 4-7 所示。

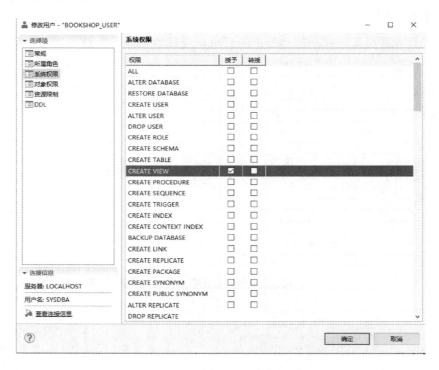

图 4-7　修改用户界面 2

3. 对象权限管理

对象权限主要是指对数据库对象中数据的访问权限，主要被授予需要对某个数据库对象的数据进行操纵的数据库普通用户。达梦数据库常用对象权限见表 4-5。

表 4-5　达梦数据库常用对象权限

对 象 权 限	表	视图	存储程序	包	类	类型	序列	目录	域
SELECT	✓	✓					✓		
INSERT	✓	✓							
DELETE	✓	✓							
UPDATE	✓	✓							
REFERENCES	✓								
DUMP	✓								
EXECUTE			✓	✓	✓	✓		✓	
READ								✓	
WRITE								✓	
USAGE									✓

SELECT、INSERT、DELETE 和 UPDATE 权限分别是指对数据库对象中数据进行查询、插入、删除和修改的权限。对于表和视图来说,删除操作是整行进行的,而查询、插入和修改却可以在一行的某个列上进行,所以在指定权限时,DELETE 权限只要指定所要访问的表就可以了,而 SELECT、INSERT 和 UPDATE 权限还可以进一步指定对哪列的权限。

表对象的 REFERENCES 权限是指可以与一个表建立关联关系的权限,如果具有 REFERENCES 权限,当前用户就可以通过自己表中的外键,与该表建立关联。表的关联关系是通过表的主键和表的外键进行关联的,在授予该权限时,可以指定表中的列,也可以不指定表中的列。

存储程序等对象的 EXECUTE 权限是指可以执行这些对象的权限。有了这个权限,一个用户就可以执行另一个用户的存储程序、包、类等。

目录对象的 READ 和 WRITE 权限是指可以读或写某个目录对象的权限。

域对象的 USAGE 权限是指可以使用某个域对象的权限。拥有某个域的 USAGE 权限的用户可以在定义或修改表时为表列声明使用这个域。

当一个用户获得另一个用户的某个对象的访问权限后,可以以"模式名. 对象名"的形式访问这个数据库对象。一个用户所拥有的对象和可以访问的对象是不同的,这一点在数据字典视图中有所反映。在默认情况下用户可以直接访问自己模式中的数据库对象,但是要访问其他用户所拥有的对象,就必须具有相应的对象权限。

对象权限一般由对象的所有者授予,也可由 SYSDBA 或具有某对象权限且具有转授权限的用户授予,但最好由对象的所有者授予。

同数据库权限管理类似,对象权限的授予和回收也是使用 GRANT 和 REVOKE 语句实现的。

1)授予用户对象权限

使用说明:

(1)授权者必须是具有对应对象权限及其转授权限的用户;

(2)如果未指定对象的<模式名>,模式为授权者所在的模式。DIRECTORY 为非模式对象,没有模式;

(3)如果设定了对象类型,则该类型必须与对象的实际类型一致,否则会报错;

(4)将带 WITH GRANT OPTION 的权限授予用户时,则接受权限的用户可转授此权限;

(5)不带列清单授权时,如果对象上存在同类型的列权限,会全部自动合并;

(6)对于用户所在的模式的表,用户具有所有权限而不需特别指定。

例 4-6 数据库系统管理员 SYSDBA 把 PERSON. ADDRESS 表的全部权限授予用户 BOOKSHOP_USER。

启动 DM 管理工具,使用 DBA 角色的用户连接数据库,如 SYSDBA 用户。登录数据库成功后,单击"用户",打开"管理用户",选中用户"BOOKSHOP_USER",右键,单击"修改",如图 4-3 所示。选择"对象权限",单击"PERSON"用户,找到"ADDRESS"表,将权限 ALL"授予"选中,如图 4-8 所示。

2)收回指定用户的对象权限

使用说明:

(1)权限回收者必须是具有回收相应对象权限及转授权限的用户;

(2)回收时不能带列清单,若对象上存在同类型的列权限,则一并被回收;

(3)使用 GRANT OPTION FOR 选项的目的是回收用户或角色权限转授的权利,而不回收用户或角色的权限;并且 GRANT OPTION FOR 选项不能和

图 4-8　修改用户界面 3

RESTRICT 一起使用,否则会报错;

(4)在回收权限时,设定不同的回收选项,其意义不同;

(5)若不设定回收选项,无法回收授予时带 WITH GRANT OPTION 的权限,但也不会检查要回收的权限是否存在限制;

(6)若设定为 RESTRICT,无法回收授予时带 WITH GRANT OPTION 的权限,也无法回收存在限制的权限,例如,角色上的某权限被别的用户用于创建视图等;

(7)若设定为 CASCADE,可回收授予时带或不带 WITH GRANT OPTION 的权限,若带 WITH GRANT OPTION 还会引起级联回收;利用此选项时也不会检查权限是否存在限制;另外,利用此选项进行级联回收时,若被回收对象上存在通过其他方式授予同样权限给该对象时,则仅需回收当前权限;

(8)用户 A 给用户 B 授权且允许其转授,用户 B 将权限转授给用户 C;当用户 A

回收用户 B 的权限时必须加 CASCADE 回收选项。

例 4-7 数据库系统管理员 SYSDBA 从用户 BOOKSHOP_USER 处回收其授出的 PERSON. ADDRESS 表的全部权限。

启动 DM 管理工具,使用 DBA 角色的用户连接数据库,如 SYSDBA 用户。登录数据库成功后,单击"用户",打开"管理用户",选中用户"BOOKSHOP_USER",右键,单击"修改",如图 4-3 所示。选择"对象权限",单击"PERSON"用户,找到"ADDRESS"表,将权限 ALL"授予"去掉,如图 4-9 所示。

图 4-9 修改用户界面 4

4.2.3 角色管理

在 DM 中,角色是一组权限的集合,能够简化数据库权限的管理。基于角色的权限管理在主体和权限之间增加了一个中间桥梁——角色。权限被授予角色,而管理员通过指定特定的角色来为用户授权。这大大简化了授权管理,具有强大的可操作性和可管理性。可以根据组织中不同的工作创建角色,然后根据用户的责任和资格分配角色。用户可以轻松地进行角色转换,而随着新应用和新系统的增加,角色可以分配更多的权限,也可以根据需要撤销相应的权限。

1. 角色概述

使用角色能够极大简化数据库权限的管理。假设有 10 个用户,这些用户为了访问数据库,至少拥有 CREATE TABLE、CREATE VIEW 等权限。如果将这些权限分别授予这些用户,那么授权次数是比较多的。但是如果把这些权限组合成集合,来授予这些用户,那么每个用户只需一次授权,授权的次数将大大减少,而且用户越多,需要指定的权限越多,这种授权方式的优越性就越明显。这些事先组合在一起的一组权限就是角色,角色中的权限既可以是数据库权限,又可以是对象权限,还可以是别的角色。

为使用角色,需要在数据库中创建角色,并向角色中添加某些权限,然后将角色授予某用户,此时,该用户就具有了角色中的所有权限。在使用角色的过程中,可以对角色进行管理,包括向角色中添加权限、从角色中删除权限等。在此过程中,授予角色的用户具有的权限也随之改变,如果要回收用户具有的全部权限,只需将授予的所有角色从用户那回收即可。

2. 创建角色

角色一般只能由管理用户创建,管理用户必须具有 CREATE ROLE 数据库权限。

使用说明:

(1)创建者必须具有 CREATE ROLE 数据库权限;

(2)角色名的长度不能超过 128 个字符;

(3)角色名不允许和系统中已存在的用户名重名;

(4)角色名不允许是 DM 保留字。

例 4-8 创建角色名为 BOOKSHOP_ROLE 的角色。

步骤 1：启动 DM 管理工具，使用 DBA 角色的用户连接数据库，如 SYSDBA 用户。登录数据库成功后，单击"角色"，右键，单击"新建角色"，如图 4-10 所示。

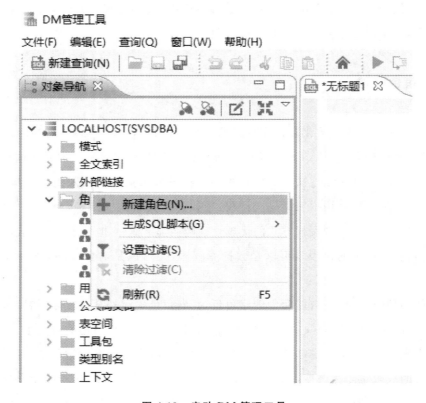

图 4-10　启动 DM 管理工具

步骤 2：输入角色名，如图 4-11 所示。

3. 管理角色

角色权限管理和用户权限管理一致，角色权限同样包括数据库权限和对象权限。

例 4-9 授予角色 BOOKSHOP_ROLE 对 PERSON. ADDRESS 表的 SELECT 和 INSERT 权限。

步骤 1：启动 DM 管理工具，使用 DBA 角色的用户连接数据库，如 SYSDBA 用户。登录数据库成功后，单击"角色"，选中角色"BOOKSHOP_ROLE"，右键，单击"修改"，如图 4-12 所示。

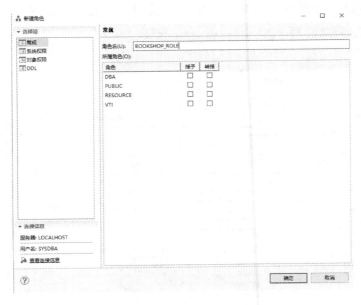

图 4-11　输入角色名

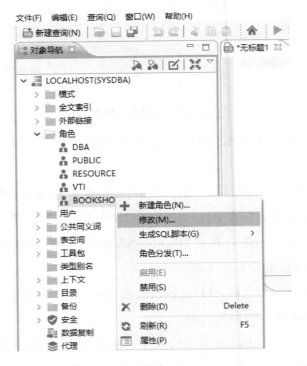

图 4-12　启动 DM 管理工具

步骤 2:选择"对象权限",单击"PERSON"用户,找到"ADDRESS"表,将权限 SELECT 和 INSERT"授予"选中,如图 4-13 所示。

图 4-13　选择对象权限

例 4-10　回收角色 BOOKSHOP_ROLE 对 PERSON. ADDRESS 表的 INSERT 权限。

启动 DM 管理工具,使用 DBA 角色的用户连接数据库,如 SYSDBA 用户。登录数据库成功后,单击"角色",选中角色"BOOKSHOP_ROLE",右键,单击"修改",如图 4-12 所示。选择"对象权限",单击"PERSON"用户,找到"ADDRESS"表,将权限 INSERT"授予"去掉,如图 4-14 所示。

创建角色并授予权限之后,可以将该角色授予用户或者其他角色,这样用户或其他角色就继承了该角色所具有的权限。

例 4-11　让用户 BOOKSHOP_USER 继承角色 BOOKSHOP_ROLE 的权限。

启动 DM 管理工具,使用 DBA 角色的用户连接数据库,如 SYSDBA 用户。登录数据库成功后,单击"用户",打开"管理用户",选中用户"BOOKSHOP_USER",右键,

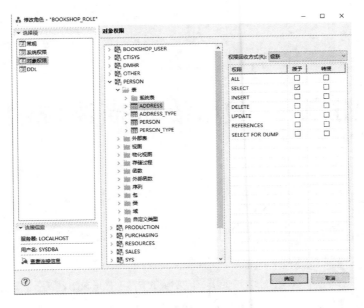

图 4-14　修改角色界面

单击"修改",如图 4-3 所示。选择"所属角色",将角色 BOOKSHOP_ROLE 的"授予"
选中,如图 4-15 所示。

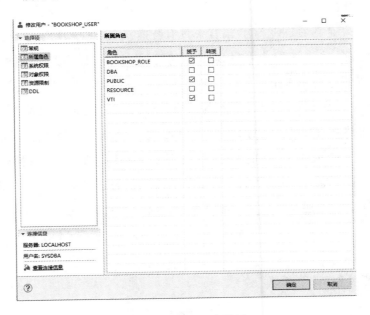

图 4-15　修改用户界面

附录　SQL 语法描述说明

〈〉　表示一个语法对象。

::=　定义符,用来定义一个语法对象。定义符左边为语法对象,右边为相应的语法描述。

|　或者符,或者符限定的语法选项在实际的语句中只能出现一个。

〔〕　大括号指明大括号内的语法选项在实际的语句中可以出现 0 至 N 次(N 为大于 0 的自然数),但是大括号本身不能出现在语句中。

〔〕　中括号指明中括号内的语法选项在实际的语句中可以出现 0 至 1 次,但是中括号本身不能出现在语句中。

关键字　关键字在 DM_SQL 语言中具有特殊意义,在 SQL 语法描述中,关键字以大写形式出现。但在实际中书写 SQL 语句时,关键字可以为大写,也可以为小写。

SQL 语法图　是用来帮助用户正确地理解和使用 DM_SQL 语法的图形。阅读语法图时,请按照从上到下、从左到右的顺序,依箭头所指方向进行阅读。SQL 命令、语法关键字等终结符以全大写方式在长方形框内显示,使用时直接输入这些内容;语法参数或语法子句等非终结符的名称以全小写方式在圆角框内显示;各类标点符号显示在圆圈之中。注意,小写参数如果不带下划线_,则表示是由用户输入的参数,如果带下划线_,则表示是还需要进一步解释的子句或语法对象,如果在前面已解释过,则未重复列出。

1. 必须关键字和参数

必须关键字和参数出现在语法参考图的主干路径上,也就是说,出现在当前阅读的水平线上。

例如，用户删除语句：

```
DROP USER < 用户名 >
```

用语法图表示为

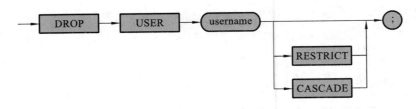

这里 DROP、USER、username 和;都是语句必需的。

如果多个关键字或参数并行地出现在从主路径延伸出的多条分支路径中，则它们之中有一个是必需的。也就是说，必须选择它们其中的一个，但不一定是主路径上的那个。

例如，GROUP BY 子句：

```
< GROUP BY 子句 > ::= GROUP BY < 分组项 > | < ROLLUP 项 > | < CUBE 项 > |
< GROUPING SETS 项 >
```

用语法图表示为

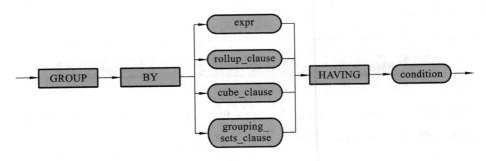

从语法图中可以看出，GROUP BY 子句有 4 种形式，可以任选一种。如果存在 GROUP BY 子句，则必须选择其中一种。

2. 可选关键字和参数

如果关键字或参数并行地出现在主路径下方,而主路径是一条直线,则这些关键字和参数是可选的。例如,

```
DROP USER < 用户名> [RESTRICT | CASCADE];
```

用语法图表示为

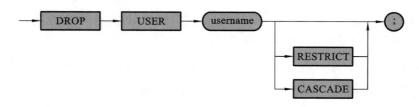

从语法图中可以看出,DROP、USER、username 是必需的,而 RESTRICT 和 CASCADE 都是可选的,也可以选择直接通过主路径,而不需走这些并行路径。这些并行路径能且只能选择其中一种。又如,分析函数的分析子句语法:

```
< 分析子句> ::= [< PARTITION BY 项> ][< ORDER BY 项> ][< 窗口子句> ]
```

用语法图表示为

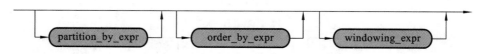

其中,partition_by_expr、order_by_expr 和 windowing_expr 参数都是可选的,但如果出现,则出现的顺序不能颠倒。

3. 多条路径

如果一张语法参考图有一条以上的路径,可以从任意一条路径进行阅读。如果可

以选择多个关键字、操作符、参数或者语法子句,这些选项将被并行地列出。例如,

> < 引用动作 > ::= [CASCADE] | [SET NULL] | [SET DEFAULT] | [NO ACTION]

用语法图表示为

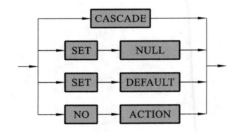

从语法图中可以看出,引用动作可以选择这四种中的任一种。

4. 循环语法

循环语法表示可以按照需要,使用循环内的语法一次或者多次。例如,

> < 回滚文件子句 > ::= ROLLFILE < 文件说明子句 > , {< 文件说明子句 > }
> < 文件说明子句 > ::= < 文件路径 > SIZE < 文件大小 >

用语法图表示为

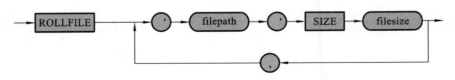

从语法图中可以看出,用逗号隔开,可以重复多个语法对象 ′filepath′ SIZE filesize。

5. 多行语法图

由于有些 SQL 语句的语法十分复杂，生成的语法参考图无法完整地显示在一行之内，因此将它们分行显示。阅读此类图形时，请按照从上到下、从左到右的顺序进行阅读。例如，索引定义语句：

CREATE［OR REPLACE］［UNIQUE | BITMAP | CLUSTER］INDEX < 索引名>
ON［< 模式名> .］< 表名> (< 列名> {,< 列名> }) ［< STORAGE 子句> ］;

用语法图表示为

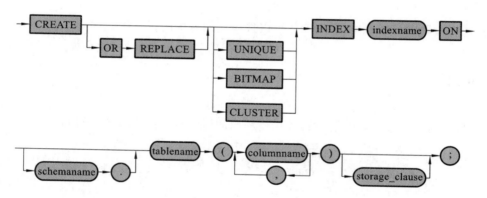

从语法图中可以看出，索引定义的语法被分成了两行。

参 考 文 献

［1］ 朱明东,张胜.达梦数据库应用基础［M］.北京:国防工业出版社,2019.

［2］ 吴照林,戴剑伟.达梦数据库 SQL 指南［M］.北京:电子工业出版社,2016.

［3］ 曾昭文,龚建华.达梦数据库应用基础［M］.北京:电子工业出版社,2016.

［4］ 冯玉才.数据库系统基础［M］.武汉:华中工学院出版社,1984.

［5］ 冯玉才.数据库系统基础［M］.2 版.武汉:华中理工大学出版社,1993.

［6］ 达梦数据库有限公司.军用数据库管理系统——用户手册［M］.武汉:华中科技大学电子音像出版社,2011.

［7］ 武汉达梦数据库有限公司.达梦数据库管理系统——SQL 语言使用手册［M］.武汉:华中科技大学出版社,2008.

［8］ 武汉达梦数据库有限公司.达梦数据库管理系统——程序员手册［M］.武汉:华中科技大学电子音像出版社,2010.

［9］ 达梦数据库有限公司.达梦数据库管理系统——管理员手册［M］.武汉:华中科技大学电子音像出版社,2006.